电网建设与运行

王润华 编著

DIANWANG JIANSHE YU YUNXING
XINJISHU YINGYONG

新技术 应用

U0293144

中国电力出版社
CHINA ELECTRIC POWER PRESS

内 容 提 要

本书将电网建设实践性的知识、经验及新技术融汇一体，从运行和维护的角度解读工程案例，重点阐述变电站基建工程的规划设计、施工安装及运行与故障处理。

全书分三篇，18 章。第一篇 变电站防雷与接地，介绍了变电站二、三次系统设备防雷、变电站建筑物的防雷及防护装置的检测与验收，以及供用电系统接地安全技术，并给出了变电站接地网的施工案例。第二篇 规划与设计，探讨了城市电网规划、建设环境与公众健康，介绍了新建变电站的常见问题与"两型一化"、特高压变电站设计的优化及城市电网安全运行与经济措施。第三篇 运行与事故分析，介绍了周界防盗报警系统应用、PM695 焦平面红外测温新技术应用、SF_6 设备故障检测分析与对策、雨淞引发输电线路电灾分析与对策、10～35kV 配电网接地故障分析、葛南换流站接地极工程案例分析、数字化变电站工程案例分析。本书为变电站基建工程的设计、施工、管理及运行提供较高的参考价值和重要的理论依据，为老旧变电站改造提供借鉴。

本书可供从事电网建设、设计、施工、管理及运行的人员参考，也可作为大专院校电力工程类专业的参考教材。

图书在版编目（CIP）数据

电网建设与运行新技术应用 / 王润华编著.—北京：中国电力出版社，2015.6

ISBN 978-7-5123-7197-2

Ⅰ.①电… Ⅱ.①王… Ⅲ.①变电所－电力工程－建设－新技术应用②变电所－电力系统运行－新技术应用 Ⅳ.①TM63-39

中国版本图书馆 CIP 数据核字（2015）第 027780 号

中国电力出版社出版、发行

（北京市东城区北京站西街 19 号 100005 http://www.cepp.sgcc.com.cn）

汇鑫印务有限公司印刷

各地新华书店经售

*

2015 年 6 月第一版 2015 年 6 月北京第一次印刷

710 毫米×980 毫米 16 开本 13.25 印张 237 千字

印数 0001—3000 册 定价 49.00 元

敬 告 读 者

序

　　本书编者王润华同志是电力工程高级工程师，从浙江大学电机系毕业后，长期从事发电厂、电力系统调度、超高压交流变电站和直流换流站的运行和基建工作，具有扎实的理论功底和丰富的实践经验，三次出席电力系统国际学术会议并在各种专业杂志上发表论文 20 多篇。

　　本书是王润华同志 20 多年参与输变电基建工程实践的经验总结和体会。对输变电基建工程的从业和运行人员来说本书有着很高的参考和实用价值。对工人、技师、大中专学生、研究生来说，本书是理论与实践相结合，理解和消化教科书的实用性教材，也可为新站设计参考，为老旧变电站改造借鉴之用。

　　最受读者欢迎的书并不是纯理论的书，而是理论和工程案例相结合的书。通过施工实践对规范认识体会上升到理论的书，这也是最难写的书：一是因为内容必须符合规范标准，写作用的字、词、符号、专业术语相当严谨；二是要求写得通俗易懂，让懂行的人看出门道，非本专业的人也能看得明白；三是要有读者喜欢看的有趣内容，有说服力的典型案例，从中有引以为戒或可以借鉴的内容和知识。本书做到了。

　　本书详细介绍并解析了输变电基建工程中防雷接地和电网规划设计施工及运行事故实践案例分析。这里仅举防雷接地一例（3 点）说明本书的特点。

　　1. 冲击接地电阻的测量

　　所有建筑物都必须防雷接地，但工程上都用工频接地电阻代替防雷接地电阻，这是一个很大的错误，因为接地棒呈感抗特性，所以要用冲击接地电阻来衡量，本书依据 GB 50057—2010《建筑物防雷设计规范》，介绍测量冲击接地电阻的方法。

2. 共地电系统

供用电系统人为无序接地和故障接地相连，造成巨大的"共地电系统"和"多电源共地"危害，如何解除配电网的人为接地，使供用电网"悬空"、"洁净"运行，这是本书没有回避的工程中的疑点和难点，编者提出自己的看法。

3. 明敷避雷带问题

"规范"中明敷避雷带没有明确的条文，学术界为此有不同的观点。实践证明，明敷避雷带既有好处，但也存在危险性（但女儿墙上是不宜明敷避雷带）。如何统一此问题，本书以案例分析的形式提出了自己的观点，非常值得读者阅读参考。

我对超高压输变电系统涉及不多，主要从事防雷接地工作。多年前，在民盟上海市委社会服务部组织的企业考察活动中，我对王润华同志有所了解，他谦虚好学、实事求是，做事认真。读完本书的初稿，得益匪浅，扩大了知识面，感到这是一本相当难得的好书，的确很值得一读。因此提笔作序并在此向广大读者推荐此书，尤其是从事此行业的专业人士。

中国工程建设标准化协会电气工程委员会技术咨询委员
王常余

前　言

  编者中学毕业后被分配到发电厂担任电气运行值班工作，大学毕业后从事电力系统调度、超高压交流变电站和直流换流站的运行值班和基建工作，长期在生产一线担任班组长。经历的是电力系统体制的不断改革与完善，看到听到的是电力企业广大领导和班组员工为改变现状所做的努力和追求，接触的是"安全制度、设备规程"。所做的运行工作是"设备停役、复役、操作、许可"，正确处理过的大大小小事故很多；所做的基建工作是初设审查、图纸交底、工程协调会、验收送电。一步一个脚印的历练使得编者具有扎实的理论功底和丰富的现场实际工作经验。

  长期在生产一线工作，编者深知基层广大员工对掌握电力系统基本理论知识的迫切要求与渴望。由于教科书理论性太强，较难懂，大部分难以解释现场问题，不能满足现场一线人员学习的需求。本书将电网建设的实践性知识、经验、新技术及案例进行了融汇和提炼，将理论与实践相结合，结合编者 40 多年的工作经验，从运行和维护的角度解读当前电网建设、施工、运行及维护中遇到的问题，重点阐述电网的规划设计、施工安装及运行与故障处理。

  全书分为三篇、18 章：

  第一篇　变电站防雷与接地，共 7 章，介绍了变电站二、三次系统的防雷、变电站建筑物的防雷及防护装置的检测与验收，以及供用电系统接地安全技术，并给出了变电站接地网的施工案例。

  第二篇　规划与设计，共 4 章，探讨了城市电网规划、建设环境与公众健康，介绍了新建变电站的常见问题与"两型一化"、特高压变电站设计的优化及城市电网安全运行与经济措施。

第三篇　运行与事故分析，共 7 章，介绍了周界防盗报警系统应用、PM695 焦平面红外测温新技术应用、SF_6 设备故障检测分析与对策、雨凇引发输电线路电灾分析、10～35kV 配电网接地故障分析、葛南换流站接地极工程案例分析、数字化变电站工程案例分析。

本书为电网建设的从业人员(包括业主、监理、总包、施工、安装、继电保护、运行等)提供较高的参考价值和重要的理论依据，也可为新建变电站作设计参考，为老旧变电站改造提供借鉴；为工人、技师、大中专学生、研究生提供理论与实践相结合、理解消化教科书的实用性案例培训教材，奠定扎实专业基础，为将来晋升技师、高级技师或工程师、高级工程师的人员派上用场。

由于编者知识和能力水平有限，书中难免存在表述上错误、缺点和不足，恳切希望各位专家和读者朋友批评指正，提出修改意见，并在运行实践中进行调整和补充，提高和完善输变电工程设计施工、运行安全的理论研究水平。

编　者

2015 年 4 月

目　录

序

前言

第一篇　变电站防雷与接地

第1章　变电站二、三次系统设备防雷　　　3

1.1　概述　　　3

1.2　冲击接地电阻（R_{cj}）的概念和测量方法　　　5

1.3　变电站主监控楼的防雷措施　　　8

1.4　变电站主机房的防雷技术措施　　　11

第2章　变电站建筑物暗敷避雷带与避雷短针组合防雷　　　16

2.1　暗敷避雷带异议分析　　　16

2.2　暗敷避雷带与避雷针组合研究　　　16

2.3　变电站建筑物钢结构主筋作防雷装置的实践　　　21

第3章　变电站建筑物塑钢门窗幕墙防雷技术　　　24

3.1　塑钢门窗防雷技术应用　　　24

3.2　塑钢门窗防雷机理分析　　　25

3.3　幕墙的结构　　　30

3.4　工程案例小结　　　32

第4章　变电站建筑物雷电防护装置检测与验收　　　34

4.1　外部、内部防雷装置检测　　　34

4.2 等电位接地等效电路分析   37

第5章　220kV 惠南变电站接地网施工案例   41

5.1 惠南变电站地网降电阻方法   41

5.2 人工接地极工频接地电阻的简易计算公式   42

5.3 BS-F 复合接地极、放热熔焊焊接技术   43

5.4 施工工艺   44

5.5 工程案例小结   46

第6章　"三维立体接地新方法"应用   49

6.1 "三维立体接地新方法"提出及应用   49

6.2 "三维立体接地新方法"新材料分析   50

6.3 工程案例小结   51

第7章　供用电系统安全技术   54

7.1 接地故障概念和形式   54

7.2 供用电系统接地保护   58

7.3 低压配电网供用电系统接地故障分析   61

第二篇　规　划　与　设　计

第8章　城市电网规划、建设环境与公众健康   69

8.1 城市电网发展规划   69

8.2 城市电网分期规划的目标   72

8.3 电网建设环境与公众健康   77

第9章　新建变电站常见问题与"两型一化"   81

9.1 土建方面防通病   81

9.2 综合及辅助设施   83

9.3 合理布置总平面   84

9.4 建筑物室内装饰标准   86

9.5 电气一次部分常见问题   88

9.6 "两型一化"变电站建设目的及实施   89

第10章　特高压变电站优化设计   99

10.1 概述   99

10.2 一次主接线拟定原则   100

10.3　超高压变电站主接线比较与分析　　　　　　　　101

10.4　城市电网变电站主接线选择规定　　　　　　　　104

10.5　500kV 变电站一个半断路器接线运行分析　　　　109

第 11 章　城市电网（地铁配电）安全运行与经济措施　　111

11.1　电网安全问题　　　　　　　　　　　　　　　　111

11.2　确保电网运行安全措施　　　　　　　　　　　　112

11.3　上海电网"黑启动"概念　　　　　　　　　　　115

11.4　城市地铁配电形式与安全运行　　　　　　　　　116

11.5　错峰用电　　　　　　　　　　　　　　　　　　122

11.6　谐波功率计量付费　　　　　　　　　　　　　　123

第三篇　运 行 与 事 故 分 析

第 12 章　周界防盗报警系统应用　　　　　　　　　　131

12.1　工程设计参考标准　　　　　　　　　　　　　　131

12.2　三座典型变电站报警系统特点　　　　　　　　　132

12.3　工程案例小结　　　　　　　　　　　　　　　　138

第 13 章　PM695 焦平面红外测温新技术应用　　　　　139

13.1　导体发热检测技术　　　　　　　　　　　　　　139

13.2　红外技术发展和应用　　　　　　　　　　　　　140

13.3　检测案例分析　　　　　　　　　　　　　　　　141

第 14 章　SF₆设备故障检测分析与对策　　　　　　　　148

14.1　SF₆设备放电故障概念及类型　　　　　　　　　148

14.2　SF₆电气设备放电分解物检测及判断方法　　　　150

14.3　化学、电气排查试验　　　　　　　　　　　　　151

14.4　220kV 变电站 GIS 三起事故案例分析　　　　　153

14.5　现场安装把关要点　　　　　　　　　　　　　　156

第 15 章　雨凇引发输电线路电灾分析与对策　　　　　158

15.1　雨凇形成的气象条件、类型及危害　　　　　　　158

15.2　冰灾导致电网受损原因和输电线路覆冰设防　　　161

15.3　基础设计选型优化原则　　　　　　　　　　　　162

15.4　超（特）高压输电铁塔　　　　　　　　　　　　164

15.5　超（特）高压输电线路　166

15.6　电网设施在冰灾中暴露的问题和对策　169

第16章　10～35kV配电网接地故障分析　171

16.1　10～35kV配电网中性点接地方式选择　171

16.2　10～35kV配电网接地故障类型　172

16.3　弧光接地、三相对地电容不平衡故障分析　173

第17章　葛南换流站接地极工程案例分析　176

17.1　葛南接地极工程建设背景　176

17.2　接地极极址建设方案选定　177

17.3　南桥接地极工程分析　183

第18章　数字化变电站工程案例　187

18.1　数字化变电站概述　187

18.2　一致性测试　190

18.3　电能计量　193

18.4　现场调试技术实例分析　195

18.5　常规变电站数字化改造工程要点　197

18.6　数字化变电站技术研究趋势　198

参考文献　201

第一篇

变电站防雷与接地

第1章

变电站二、三次系统设备防雷

随着微电子设备的广泛应用，雷电对其的危害显得越来越大。目前雷电已被联合国国际减灾委员会确定为对人类造成最严重的十大自然灾害之一，并被联合国确定为"电子化时代的一大公害"。据统计雷电对电子设备造成的损坏率占设备损坏因素的 26%。

变电站的二、三次系统中采用了大量的电子设备，由于电子设备内部结构高度集成化，耐过电压、耐过电流的水平下降，对雷电的承受能力下降，另外电子设备信号来源路径的增多又使其更容易遭受雷电波的入侵。本章将围绕变电站二、三次系统防雷，剖析变电站的防雷和接地技术，并介绍新技术、新材料的应用和实践。

电力系统在设计变电站二、三次系统设备防雷方面严格执行国家标准和行业准，并积累了非常丰富的实际经验，其基本点是依靠避雷针、带、网、器进行传统意义全站伞式全覆盖保护。离中国气象学会雷电防护委员会编《防雷规范标准汇编（2010 版）》等和上海市防雷检测中心的要求还存在着一定的距离，按照行业标准应该高于国家标准的规定，希望引起设计的足够重视。

因此变电站二、三次系统设备防雷面临着新的挑战，新的问题希望加强研究，特别应逐步将对防雷击的研究从传统的防止过电压角度转变为如何限制雷电流、幅值及如何释放雷电能量的研究。

1.1 概述

针对雷电入侵超高压变电站主监控楼的途径和危害，对主监控楼的二、三次系统设备采取相应的防雷措施，包括外部防护和内部防护。外部防护主要指二、三次系统设备所在的建筑物的防直击雷保护，内部防护包括屏蔽、等电位联结、共用接地系统、过电压防护和综合布线等措施。

变电站二次部分是指继电保护装置（包括装置的计算机硬件、软件、插件、接口等），三次部分是指通信、自动化及计算机监控网络系统（包括应用自动控制技术和信息处理与传输技术，通过计算机硬件、软件进行计算机监控，远动、四遥或综合自动化）等技术代替人工进行各种运作，提高运行管理水平（包括

3

综合自动化，计算机监控和远动等技术）。

保障主监控楼内安装的二、三次系统设备在运行中微电子设备免遭雷击显得尤为重要。主监控楼雷电防护的关键应确认雷电流（流入雷击点的电流）入侵各种途径，依据系统防雷科学理论和相关技术规范，采取有针对性防护措施。

1. 雷电流的形成和雷击的形式

（1）波形的形成。雷电流由三种波形组成：正或负极性的首次雷击、负极性的后续雷击、正或负极性的长时间雷击。

（2）雷击的形式。雷击分为直接雷击和感应雷击。

1）直接雷击即雷击直接击在物体（建筑物）上，产生强大的雷电流和电、热效应及机械力。如果电压分布不均还会产生局部高电位，对周围电子设备形成反击，击毁建筑物，损坏设备，造成人员伤亡。

2）感应雷击在雷电放电时，在附近导体上产生的静电效应和电磁感应，可能使金属部件之间产生火花。感应雷击一般由电磁感应产生，通过电力线路、信号馈线感应雷电压入侵计算机网络系统，造成设备的大面积损坏。

2. 雷电的入侵途径

（1）传统避雷针（独立避雷针其效用大约 40%）的副作用会产生二次感应雷击效应，雷电电流经过避雷针入地时感应到传输线上。

（2）电源线、信号线或天馈线引入感应雷击通过电（磁）感性耦合到各类传输线而破坏设备。

（3）地电位反击引入感应雷击，通过阻性耦合方式经中线及地线破坏设备。根据我国相关标准上述各种耦合会产生高达 6kV 的瞬间电压而破坏电子设备。

3. 雷电入侵对二、三次系统造成的危害

（1）雷电入侵主机房的途径和危害。直击雷引起危害如下：

1）雷电直击机房所在建筑物，造成建筑物毁坏和引起火灾，对主机房构成威胁。雷电直击输电线路，产生过电压、过电流侵入到机房使系统瘫痪。

2）雷电直击通信天线，沿天馈线进入网络系统，造成通信接口、接收系统、室内单元、路由器等网络主要通信设备损坏。

3）雷电直击网络通信有线线路（如光缆、帧中继、X25 专线、电话线等），致使线路损坏，同时产生雷电电涌沿通信线路侵入到网络系统内，造成设备损坏。

（2）电力线是雷电入侵电子设备的重要渠道：雷电通过静电感应和电磁感应，很容易在电力线上感应出高电位。当雷云对地放电后，这些高电位便沿电力线运动，形成过电压波，可达百千伏至千千伏级，并从电力线的负载保护地线入地，击穿设备。此外，当雷电打在建筑物避雷装置上时，引下线由于线路电感的作用，只能将50%的电流引入大地，余下总电流的25%将通过电力线屏蔽槽、水管、暖气管、金属门窗等与地面有连接的金属物质联合引雷，剩余的25%将流窜至电源线、局域网线等。

对主机房设备而言，部分雷电流由UPS输入电源线对交流地线进行L-PE、N-PE泄放，局域网线对逻辑地线等进行泄放，并最终击坏设备。

（3）雷电作用下建筑物内感应雷害。

当雷电流通过避雷针引下线泄放入地时，引下线自上而下产生一个变化旋转快速运动的电磁场，建筑物内的电源线、网络线等相对切割磁力线，产生感应高压并沿线路传输击毁设备。

（4）雷电作用下网络雷害。

1）广域网络。广域网的雷害主要是感应雷害（遭受雷击的概率一般在28%左右）。广域网保护的最大雷电流为5kA。连接广域网一般有DDN租用专线、ISD专线、帧中继以及微波通信方式。对于专线的接收端口，它的耐压应为5倍工作电压，即U_{dc}为25V，插入信号避雷器，使之在雷电作用下，短路保护5kA电流，而端口残压小于25V，对于电话线它的工作电压为48V，加振铃电压共计175V，插入信号避雷器的启动电压185V，残压小于U_{DC}为330V，因为调制解调器的耐压U_{DC}为330V。

2）局域网络。由于雷电引起的电磁脉冲在机房内产生191A/m（2.4Gs）的变化电磁场，就会引起网络设备端口芯片的烧毁。为此，必须考虑对设备端口的过电压防护。

（5）雷电高压反击。雷电通过引下线引入大地时，由于大地电阻的存在，必然引起局部地电位升高。交流配电地和直流逻辑地将这种高电位引入机房，通常造成UPS输出、输入端被击穿，小型机及其他网络设备连接端口被击穿。

另外，雷电流沿各引下线泄放过程中，将在防雷系统中产生暂态高电压，如果引下线与网络设备绝缘距离不够且设备与防雷系统不共地，将在两者之间出现高电压，发生放电击穿，导致设备损坏，甚至危及人身安全。

1.2 冲击接地电阻（R_{cj}）的概念和测量方法

雷击变电站建筑物时，最终雷电流都要经过接地网流散到土壤中去。接地网的冲击特性直接决定雷电流的流散，也决定了变电站建筑物防雷性能好坏。

衡量接地网的冲击特性是用R_{cj}来表征，以往工程用工频接地电阻（R_{gp}）表示R_{cj}这是错误的。R_{gp}符合要求，但并不表示R_{cj}也符合要求。对变电站不测R_{cj}是错误的必须纠正。下面讨论R_{cj}的测量概念和测量方法：

变电站建筑物属于第二类防雷建筑物，GB 50057—2010《建筑物防雷设计规范》4.3.6 第二类防雷建筑物，每一引下线的 R_{cj} 不宜大于 10Ω。

如果要用数据说明接地装置符合防雷要求，就必须测量 R_{cj}。

（1）不能用 R_{gp} 代替 R_{cj}。以往工程施工以 R_{gp} 代替 R_{cj} 防雷检测中心同样只测 R_{gp}，这是不允许的。

用 R_{gp} 测试仪测量接地网，由于频率低，因此测出的接地电阻主要是阻性电阻，而防雷接地线和接地体，由于存在感抗，雷电流又是高频脉冲波，因此不能把用工频测量方法测出的阻性接地电阻就认为等同于 R_{cj}，工程上及防雷检测人员以 R_{gp} 作为防雷接地电阻是错误的。

（2）也有观点认为：R_{gp} 通常要求 4Ω，而 R_{cj} 要求 10Ω，R_{cj} 要求比 R_{gp} 低，因此只要 R_{gp} 符合要求，就可以认为 R_{cj} 也必然符合要求，这个结论是没有根据的。

用工频测量时，接地电阻与接地极长度无关，而测量 R_{cj} 时与接地极长度有关，因为雷电流在水平或垂直接地体泄放时，有一个流动过程，如果水平或垂直接地体过长，雷电流还未流到尽头，就泄放完了，因此对 R_{cj} 而言：水平接地体过长或垂直接地体过深是没有作用的。

（3）接地电阻测试仪能否测量 R_{cj}？接地电阻测试仪只能测量 R_{gp}，不能测量 R_{cj}，是否可用 R_{gp} 测试仪测量 R_{cj}？虽然不可以直接测量，但可以通过换算后得到 R_{cj} 值，即在测出土壤电阻率和接地极的有效长度下的 R_{gp} 后，把 R_{gp} 式换算成 R_{cj}。

（4）接地极的有效长度如何计算？

接地极的有效长度和接地极的实际长度无关，只与接地极周围的土壤电阻率有关，两者之间的关系按 GB 50057—2010 附录 C .0.2 中给出的式（1-1）确定

$$l_e = 2\sqrt{P} \tag{1-1}$$

式中　l_e——接地极的有效长度；

P——敷设接地极的土壤电阻率。

例如：潮湿有机土壤的电阻率约为 $10\Omega m$，根据式（1-1），则埋在此土壤中的接地极的有效长度为 6.32m（$2\sqrt{10} = 6.32$）。

又例如：土壤的电阻率约为 $10^3\Omega m$，则接地极的有效长度为 63.2m（$2\sqrt{1000} = 63.2m$）。

因此敷设在潮湿有机土壤中的接地极的有效长度与敷设在高土壤电阻率中的接地极的有效长度相比要小得多。接地极的实际长度通常大于有效长度，但没必要过分大，如设在潮湿有机土壤中的垂直接地极的实际长度 2.5m

就够了。

（5）R_{gp} 如何换算成 R_{cj}？接地极的实际长度大于有效长度时，接地装置的 R_{cj} 与 R_{gp} 的换算公式为［见 GB 50057—2010 附录 C（C.0.1）］

$$R_{cj}=A \times R_{gp} \tag{1-2}$$

式中　R_{gp}——接地装置各支线的长度取值小于或等于接地体的 有效长度 l_e，或者有支线大于 l_e 而取其等于 l_e 时的 R_{gp}（Ω）；

　　　　A ——换算系数，其值按图 1-1 确定；

　　　　R_{cj}——接地装置冲击接地电阻（Ω）。

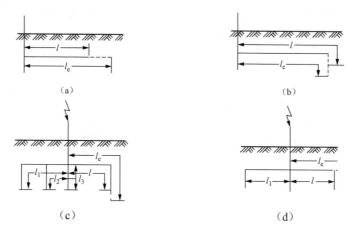

图 1-1　接地体的有效长度

（a）单根水平接地体；（b）末端挡垂直接地体的单根水平接地体；

（c）多根水平接地体 $l_1 \leqslant l$、$l_2 \leqslant l$、$l_3 \leqslant l$；（d）接多根垂直接地体的多根水平接地体

（6）R_{gp} 换算成 R_{cj} 时，换算系数 A 如何确定？要确定换算系数 A，首先要测出两个数据：接地极敷设处的土壤电阻率，接地极的实际长度和有效长度之比。

土壤电阻率可用接地电阻测试仪测量，根据式（1-1）可确定接地极的有效长度 l_e 再根据图 1-1 确定接地极的有效长度和实际长度之比。综上数据然后由图 1-2 可得 A 值，方法如下：

根据接地极实际长度和有效长度之比，在图 1-2 的横坐标上找到相应的点，由此点垂直向上和图 1-2 中的土壤电阻率折线相交，其交点对应的纵坐标即为换算系数 A。

如果接地极的水平部分长 10m，垂直部分长 2.5m，因此

$$l/l_e=（10+2.5）/63.2=0.2$$

由横坐标 0.2 往上和 $\rho=1000\Omega m$ 的折线相交，由交点找到相应的纵坐标 A 为 2.0。若 R_{gp} 测量结果为 10Ω，则 R_{cj} 为

$$R_{cj}=A\times R_{gp}10/2.0=5（\Omega）$$

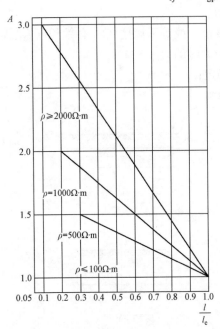

图 1-2　换算系数 A

由图 1-2 可看出：若土壤电阻率小于 $100\Omega m$，则换算系数 A 小于 1，R_{gp} 就必然 R_{cj}。因此在土壤电阻率小于 $100\Omega m$ 的地区，测量出的 R_{gp} 值小于设计要求的 R_{cj} 值时，R_{cj} 必然符合要求。

对土壤电阻率大于 $100\Omega m$ 的地区，测量出的 R_{gp} 值即使小于设计要求的 R_{cj} 值时，R_{cj} 是否合格要进行换算后才能确定。

（7）在什么情况下可认为 R_{gp} 值等于 R_{cj} 值？从图 1-2 看出：当土壤阻率小于 $100\Omega m$，在接地极的实际长度小于或等于接地极有效长度时，换算系数 A 等于 1，由于 $R_{cj}=A\times R_{gp}$ 此时，R_{gp} 总是等于 R_{cj}，在这种情况下，取 R_{gp} 等于 R_{cj} 是可以的。

当土壤阻率大于 $100\sim500\Omega m$，在接地极的实际长度小于或等于接地极有效长度时，换算系数 A 等于 $1\sim1.5$，由于 $R_{cj}=A\times R_{gp}$ 此时，R_{gp} 总是小于 R_{cj}，在这种情况下，如果测出 R_{gp} 小于 R_{cj} 值，就可认为此接地装置的 R_{cj} 是符合要求的。

但是必须注意：R_{gp} 是指接地装置各支线的长度取值小于或等于接地体的有效长度 l_e，或者有支线大于 l_e 而取其等于 l_e 时的 R_{gp}（Ω）；因此施工时必须先测出土壤电阻率，计算出接地体的有效长度，然后按有效长度，施工防雷接地体，并测出接地电阻，再换算到 R_{cj}，如果不合格再增加接地网。

当防雷接地装置完成后，再施工安全接地网时无须考虑有效长度。

1.3　变电站主监控楼的防雷措施

由于二、三次设备都放置在主监控楼房内，因而对主监控楼提出了较高环境要求，良好接地系统是保证设备和人身安全的重要措施。对主监控楼避雷要考虑防避直击雷、感应雷和高电压沿电源和信号传输线进入楼内各设备房间损坏电子元器件。计算机机房宜设在主监控楼较低楼层（目前还没完全做到，如设在顶层，则应进行屏蔽），选择远离产生粉尘、有害气体、强振源、强噪声源

等场所，避开强电磁场干扰，还应采用下列四种接地方式：

（1）交流工作接地，$R_{gp} \leqslant 4\Omega$。

（2）安全保护接地，$R_{gp} \leqslant 4\Omega$。

（3）直流工作接地，R_{gp} 接地电阻根据计算机系统具体要求确定。

（4）防雷接地，应按照 GB 50057—2010 执行。

根据（4）的要求，在正确实施接地、均压、分流和屏蔽等措施的前提下，将电子设备工作接地、保护接地（包括屏蔽接地和建筑物防雷接地）共同合用一组接地体的联合接地方式，为防止地电位反击，其接地电阻不应大于 1Ω。避雷针与引下线应可靠焊接连通，引下线材料为 40mm×4mm 的镀锌扁钢，引下线在地网上的连接点与接地引入线在地网上连接点之间的距离宜不小于 10m。

主监控楼房顶应设避雷网，其网络尺寸不大于 3m×3m，且与屋顶避雷带一一焊接连通。房顶四角应设雷电流引下线，该引下线可利用楼房四角房柱内 2 根以上的主钢筋，其上端应与避雷带、下端应与地网焊接连通，如图 1-3 所示。

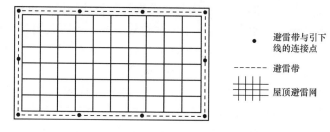

图 1-3　屋顶避雷带（网）连接示意图

楼房屋顶上其他金属设施（包括避雷针、集中空调屋顶室外机）亦应分别就近与避雷带焊接连通。屋顶避雷带（网）、楼房地网应沿楼房建筑物散水点外设环形接地装置，同时还应利用建筑物基础横竖梁内 2 根以上主钢筋共同组成楼房地网。应将楼房建筑物基础地桩内 2 根以上主钢筋与楼房地网焊接连通，如图 1-4 所示。

最新可行的美观实用做法是将网格形式的明敷避雷带改成暗敷避雷带与避雷短针组合来防直雷击。

当机房设有高架防静电地板时，应在地板下敷设闭合的环形接地线、排，作为地板金属支架的接地引线排，与楼房地网垂直接地体连接。扁钢、屋顶避雷网、避雷带与引下线的连接点材料为铜导线，横截面积应大于或等于 50mm^2，并从接地汇集线上引出不少于 2 根横截面积为 50～75mm^2 的铜质接地线与引线排南、北或东、西侧连通，并与机房接地地网相连。为了使接地电阻值小于 1Ω，在地下同时铺设了 500mm×400mm×60mm 接地模块。使用 40mm×4mm 的镀锌扁铁串连接起来，形成闭合环路。焊接须牢固，无虚焊并作防腐、防锈处理，避免长时间埋于地下而腐蚀。

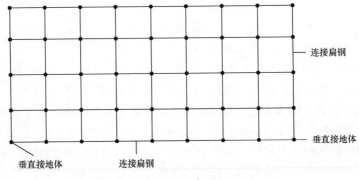

图 1-4 楼房地网示意图

1. **机房电源安装**

电源进线应按 GB 50057—2010《建筑物防雷设计规范》执行。

采取防雷措施。电源应采用地下电缆进线。当不得不采用架空进线时，必须做到在电源的进入端安装低压总电源防雷器，将由外部线路可能引入的雷击高电压引至大地泄放，以确保后接设备的安全。

机房电源进线应采用三相五线，供配电线路采用 TN-S、TN-C-S 方式，低压电力电缆引入机房后在交流稳压器内或交流配电箱（屏）内相线及中性线/相线应分别对地加装限压型 SPD，其连接导线应短而直，引线长度不宜超过 0.5m。

2. **计算机及网络的防雷**

（1）单计算机的防雷。没联网计算机，只需将电源零线重复接地，并在相线与零线之间接上电子设备电源专用的氧化锌避雷器。联网计算机需在网线上安装信号防雷器即可。

（2）网络防雷器采用前后两级保护。第一级为粗保护，用于泄能，第二级为细保护，用于嵌位。前后两级通过耦合，使防雷器真正起到理想防雷效果。

为了保护网络上计算机及设备，需在局域网和广域网专线上安装计算机数据线避雷器。布置信号线缆路有走向时，应尽量减小由线缆自身形成的感应环路面积。在局域网中尽管在电源和通信线路等外接引入线路上安装了防雷保护装置，由于雷击发生时网络线（如双绞线）感应到过电压一次或多次冲击，仍然会破坏或加速网络设备的老化，影响数据的传输和存储，甚至停机，直至彻底损坏。广域网除了在专线或程控线路上安装避雷器外，MODEM

与路由服务器之间应安装计算机数据线避雷器，特别是有外来接入的 DDN 和 ISDN 更要做好相应的防护，安装避雷器，另外避雷器参数要求也要与被保护设备相符合。

3. 实践总结

（1）二、三次设备雷电过电压保护应根据设备安装的具体情况，确定被保护对象和保护等级，做到统筹规划、整体设计。从接地、屏蔽、均压、限幅及隔离五个方面来采取综合防护措施。

（2）主监控楼的防雷设计是一项系统工程，外部防雷与内部防雷缺一不可。我们可以将主监控楼防雷总结为 DBSE 技术，即分流、均压、屏蔽、接地四项技术，加之有效的防雷保护设备的综合。如果从主监控楼二、三次设备设计、施工阶段开始体现这种综合系统的防护设计原则，必将起到事半功倍的理想防护效果。

1.4 变电站主机房的防雷技术措施

1. 外部防雷保护措施

主要是指机房所在建筑物直击雷和侧击雷防护，其设计依据主要按照 GB 50057—2010、GB 50343—2004，利用建筑物本身的接闪器（避雷针、带、网）、引下线、接地装置将雷电流的 50%泄放入地。需要指出的是，对楼顶安装的通信天线，需加装避雷针进行保护。避雷针可安装在天线铁塔上，但必须用避雷针专用引下线（俗称下导体）接至避雷带入地，避雷针需距离天线至少 3m 以外，以防雷电电磁脉冲对天线馈线的影响。同时，避雷针的架设高度应按照"滚球法"来确定，使通信天线在其保护范围之内。

2. 内部防雷保护措施

主要有屏蔽、等电位联结、共用接地系统、过电压防护以及综合布线等，这些都是针对雷击电磁脉冲防护而言的。在进行内部防雷保护之前，需首先明确划分 LPZ 这个概念（LPZ 是指闪电电磁环境需要限定和控制区域）。划分 LPZ 的是界定雷击的严酷程度和指明各防雷区界面上等电位连接点的位置。LPZ 的特征是以其边界处电磁条件有无明显变化。LPZ 划分主要有以下目的，如图 1-5 所示。

（1）根据各 LPZ 内空间雷击电磁脉冲的强度，以确认是否需采取进一步的屏蔽措施。

（2）确定等电位连接的位置（一般是各 LPZ 交界处）。

（3）确定在不同 LPZ 交界处选用 SPD（用于限制瞬态过电压并分流浪涌电流的器件）参数指标。

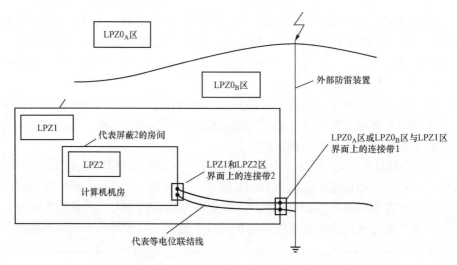

图 1-5　将一个建筑物划分为几个防雷区和做符合要求的等电位联结

（4）选定敏感电子设备的安全放置位置。

（5）确定在不同 LPZ 交界处等电位连接导体的最小芯线截面。

注意：SPD 电涌保护器（Surge Protection Device）是电子设备雷电防护中不可缺少的一种装置，英文简写为 SPD。电涌保护器的作用是把窜入电力线、信号传输线的瞬时过电压限制在设备或系统所能承受的电压范围内，或将强大的雷电流泄流入地，保护被保护的设备或系统不受冲击而损坏。

电涌保护器的类型和结构按不同的用途有所不同，但它至少应包含一个非线性电压限制元件。用于电涌保护器的基本元器件有放电间隙、充气放电管、压敏电阻、抑制二极管和扼流线圈等。

3. 屏蔽保护措施

主要是减少电磁干扰的基本措施。由于计算机对雷击电磁脉冲极为敏感，5.57A/m（0.07Gs）的磁场强度即可造成计算机误动作，191A/m（2.4Gs）的磁场强度即可使其元件击穿。因此，应特别加强机房的屏蔽措施。具体可分为建筑物、设备和各种线缆、管道的屏蔽。建筑物屏蔽可利用建筑物的钢筋和金属构架、金属门窗等相互连接在一起，形成一个法拉第笼，并与地网可靠电气连接，形成初级屏蔽网。门窗柜不能与防雷引下线相连，应分别接至地网。

对主机房而言，其上下层面楼板及四周墙面的混凝土内的钢筋在基建设计施工时应适当加密，以增强屏蔽效果。根据理论计算和实际经验，屏蔽网应采用大于或等于 Φ8 的钢筋、网孔尺寸 200mm×200mm。

另外，要特别注意对各种"洞"的屏蔽，除门、窗外，还应对金属管道和线缆的入口作好屏蔽。设备的屏蔽应在对设备耐过电压水平的基础上，按 LPZ 施行多级屏蔽。金属丝编织网、金属软导管、栈桥均可用于线缆屏蔽。线缆应敷设在金属屏蔽槽（管）内加以屏蔽，并使其两端接地，且在穿经每一 LPZ 交界处时，与该层等电位连接带连接。由于交流电的"趋肤效应"可使相当大的一部分雷电流沿屏蔽层泄入大地，如图 1-5 所示。

4．等电位联结措施和共用接地系统

等电位联结是指将分开的装置、诸导电物体用等电位联结导体或 SPD 连接起来，以减小雷电流在它们之间产生的电位差。共用接地系统（将各部分防雷装置、建筑物金属构件，低压 PE 线、等电位连接带、设备保护地、屏蔽体接地、防静电接地及接地装置等连接在一起的接地系统）是指利用建筑物基础地网作为共用接地地网。

等电位联结是减少雷电反击的有效手段。

具体采取的措施是：首先在建筑物入户处，即 LPZ0 与 LPZ1 交界处进行 MEB（总等电位联结），即进出机房所在建筑物的各类水管、暖气和空调等金属管道以及电缆的金属外屏蔽层进行等电位联结，并将 MEB 端子与基础接地网联结。电源线路和信号线路在入户处做 MEB。

由于电源线路上的带电导体和信号线路的芯线不能用导线直接连接，此时应加装 SPD（瞬态接地夹）实现等电位联结。然后在后续的 LPZ 交界处按 MEB 的方法进行 LEB（局部等电位联结），连接主体应包括设备本身（含外露可导电部分）、电源线、信号线缆和防静电金属地板等。最后在主机房内敷设等电位联结带，机柜、电气和电子设备的外壳和机架、计算机直流地（逻辑地）、防静电接地、金属屏蔽线外层、交流地（PE 线）和 SPD 地端等均以最短距离就近与等电位联结带直接连接。连接基本方法可采用星型（S）或网型（M）结构，复杂系统采用两者相结合的混合型，如图 1-6 所示。

5．过电压防护措施

过电压防护是等电位联结主要措施之一，也是机房防雷设计重要环节。过电压防护分为机房低压供电系统逐级保护，传输系统（专线、电话线、光缆、数据传输线、天线馈线等）的信号过电压防护，通信网络系统主要设备接口过电压防护。

（1）机房供电系统过电压防护。供电制式应采用 TN-S 或 TN-C-S，严禁采用 TN-C 系统。供电线路应按照 LPZ 的划分，通过加装 SPD 对雷电过电压进行逐级防护。对主机房而言，可采取 3～4 级防护。

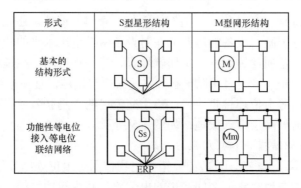

图 1-6　等电位联结的基本方法

━━━━　——等电位联结网络；

──────　——等电位联结导体；

□　——设备；

·　——接至等电位联结网络的等电位联结点；

ERP　——接地基准点；

Ss　——将星形结构通过 ERP 点整合到等电位联结网络中；

Mm　——将网形结构通过网形连接整合到等电位联结网络中。

1）SPD1：一般安装在主监控楼低压配电柜电源总进线处，在每条相线和中性线上选用 I 级分类试验用冲击电流 Iimp 通过幅值电流不小于 20kA 的 SPD（10/350μs）。

2）SPD2：一般安装在机房所在的楼层配电盘处，选用每条相线和中性线上每个标称放电电流不小于 20kA 的 SPD（8/20μs）。

3）SPD3：一般安装在机房分配电盘处，选用每条相线和中性线上每个 SPD 标称放电电流不小于 10kA 的 SPD（8/20μs）。

4）SPD4：计算机设备和网络设备前端可根据实际情况采用响应时间更快地进行精细保护。

（2）信号系统过电压防护。数据传输线在 LPZ 交界处和进入设备前端，应加装 SPD 进行过电压防护。当数据传输线路采用有线工作方式时，在线缆与 MODEM 之间应安装 SPD。当数据传输线路采用无线传输方式时，传输设备的天馈线应在 LPZ0 与 LPZ1 交界处穿金属管屏蔽接地引入。

在天馈线的发射设备端和接收设备端上应安装天馈 SPD。进入主机房的电话线宜穿金属管屏蔽埋地引入，并应在接线盒前端的电话组线箱内安装电话线 SPD。当数据经由同轴电缆或双绞线上网时，应在同轴电缆或双绞线上安装 SPD。双绞线宜穿管屏蔽等电位连接后引入，同轴电缆的金属屏蔽层应做等电位连接。当使用含有金属部件的光缆传输时，应在光缆的终端将金属部件直接或通过开关型 SPD 接到等电位连接带上。

安装的 SPD 的相关技术指标应视实际接口形式、传输速率、特性阻抗、驻波比、插入损耗、频带宽度等性能指标确定 SPD 的工作电压和耐压等参数。

（3）综合布线及设备安装位置一定要明确。

1）电源线不要与网络线同槽架设，数据插座与电源插座要保持一般大于 30cm 距离。

2）广域网线缆不要与局域网线缆同槽架设。

3）蔽槽有厚度要求，并要求至少两点接地。

4）根据引下线在泄放雷电流时，在空间所引起的磁场强度和信息设备的最大承受能力（一般为 191A/m）计算，设备安装位置（包括网线与墙壁布置）最好与外墙的距离在 lm 之外。

第2章

变电站建筑物暗敷避雷带与
避雷短针组合防雷

变电站为了实现和达到创一流要求、创精品工程的目标，根据变电站所处地理位置、人文环境、规模大小、建筑结构和设备配置，在确保防雷安全的前提下追求建筑物人性化、个性化、实用化、现代化、美观漂亮，显现各自的特色和风格。在尽可能取消或减少独立避雷针和构架避雷针同时，本章主要分析如何将建筑物屋顶目前应用相当广泛的网格形式的明敷避雷带改成暗敷避雷带与避雷短针组合来防直击雷。

2.1 暗敷避雷带异议分析

对于建筑物用暗敷避雷带，至今还存在着异议。有些专家认为对于高层建筑（包括变电站建筑物），暗敷避雷带在雷击时会有混凝土块掉下伤人现象故是不妥和不安全的，极易引发二次事故，是有悖于防雷原理的，必须停止采用。目前新建变电站均采用网格形式的明敷避雷带，虽然减少了避雷针，但也有施工、维护、行走不便和不够美观的缺点。

本书通过对暗敷避雷带及避雷短针敷设要求、技术分析，找出带与针的组合方式，将两者优点结合，达到替代明敷避雷带，实现比较理想的直击雷防护方法。

暗敷避雷带得以应用，主要是因为这种形式的避雷带耐腐蚀、较经济，不影响建筑物的美观。但是当建筑物在直击雷接闪时，则会导致避雷带覆盖层混凝土的炸裂，造成局部防水层、保温层材料的破坏。因此 GB 50057—2010《建筑物防雷设计规范》对于暗敷避雷带是有条件的允许。

而在实际的应用中，由于规范、标准（特别是变电站）在这方面不详尽，各设计、施工单位对暗敷避雷带敷设要求、技术都是自我规定，因此也存在着由于接闪炸裂混凝土引起高空坠物伤人、伤物的事件。

2.2 暗敷避雷带与避雷针组合研究

1. 带与针组合分析

实际上，行业内设计逐渐对暗敷避雷带敷设条件、技术要求有默认的规定：

专设暗敷避雷带与其下压顶钢筋绑扎或焊接一起，暗敷厚度小于或等于 2cm。

这 2cm 的界限是怎么得来的呢？

主要根据公式 $U_L=I_LR_{cj}$（U_L 为防雷装置电阻电压降；I_L 为雷电流强度；R_{cj} 为防雷装置的冲击接地电阻）和 $D_R=U_R/E_R$（D_R 为雷电流流过防雷装置时接地装置上的电阻电压降空气击穿厚度；U_R 为雷电流流过防雷装置时接地装置的电阻电压降；E_R 电阻电压降的空气击穿强度（取建筑材料为空气的击穿强度）来计算得出各种防雷类别建筑物最小冲击雷电流穿透建筑物材料厚度，而得到了一般建筑物其避雷带暗敷的厚度小于或等于 2cm（相对是个平均值）。

（1）这个公式是不完全的，正确的电压表达式应该是 $U_L=I_LR_{gp}+LdI/dR_{cj}$（$R_{gp}$ 工频接地电阻，R_{cj} 引下线和接地网的冲击电阻；L 为引下线和接地网的电感）。

（2）这个电压不是击穿混凝土层的直击雷电压，直击雷电压通常在百万伏到千万伏级以上，所以当建筑物接闪时，它总能击穿混凝土层，导致混凝土的炸裂和蹦落。而混凝土层炸裂的程度是无法预计，它是与直击雷电压和电流（非线性）的大小有关。即使直击击落 2cm×2cm×2cm 的混凝土也会砸伤人体，所以任何高空坠物都是危险的，必须防止。

除了符合厚度要求外，只要将专设暗敷避雷带与其下的压顶钢筋绑扎或焊接在一起，使雷电流流向相同而产生的吸引力，则雷击时就不会有混凝土块掉下的现象。但是当发生雷击时，雷电流总寻找最短、最直接的路径入地。对变电站建筑物来说大部分的雷电流通过建筑物外角有焊接连通的柱筋入地的，雷击率最高的也是变电站建筑物外角（相对一个外角点）。其产生的吸引力不足紧紧吸住混凝土块使其不掉落。而发生雷击时，大多数是击中建筑物的外角，而且炸裂和掉落的碎片很多，极端情况下有些碎片的体积比 8cm^3 还要大。

2. 带与针组合的确立

难道暗敷避雷带是不可行的吗？从大部分的雷灾事故来看，雷灾事故都是发生在建筑物雷击率最高部分，所以只要解决这些雷击率高的部分的接闪，那么暗敷避雷带仍是可行的。

处理的方法是：当建筑物是暗敷避雷带时，则在建筑物雷击率最高部分加装避雷短针。这样做，建筑物接闪时，它是通过避雷短针来接闪，给雷电流提供了最易入地的通道，解决了雷电要击穿混凝土层接闪而导致混凝土的炸裂，也可继续保持暗敷避雷带的优点：即耐腐蚀、经济、不影响美观。就腐蚀的维护来说，维护几根短针比维护整个屋面的避雷带较容易得多。如果采用避雷短针，则暗敷避雷带甚至可以不采用专设避雷带而用压顶钢筋代替，这样也给施工单位带来方便。图 2-1 所示。

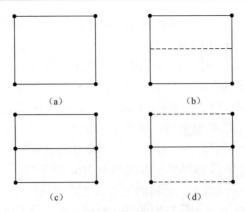

图 2-1 建筑物易受雷击的部位

（a）平屋面；（b）坡度不大于 1/10 的房屋、檐角、女儿墙；（c）坡度大于 1/10 且，
小于 1/2 檐角、女儿墙；（d）坡度小于 1/2 的房屋、檐角、女屋檐、女儿墙

———表示易受雷击的部位；

-----表示不易受雷击的部位；

• ——表示雷击率最高部位。

3. 避雷针防雷的要求

避雷短针可采用 ϕ12mm 的圆钢或 ϕ20mm 的钢管，焊接在避雷带上，如图
2-2 所示。短针设置的位置和长度值得注意。基本上可根据单支避雷针在 h_x 高度的平面上的计算公式来确定。

$$R_x = \sqrt{h(2h_r - h)} - \sqrt{h_x(2hr - h_x)}$$

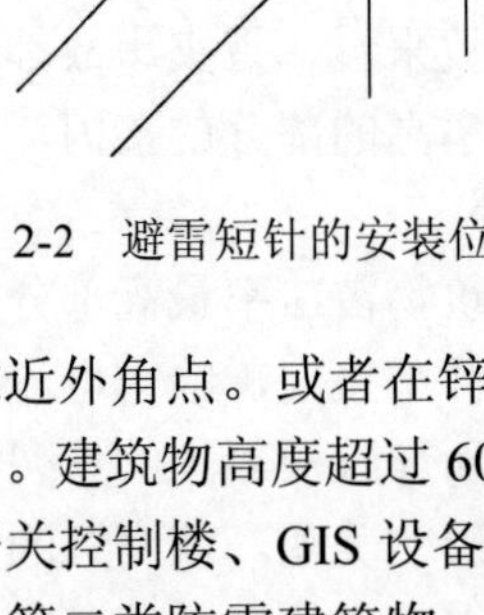

（1）也可采用 45°角度法计算，避雷短针在女儿墙（或建筑物）上的高度和位置应该符合该针能保护到建筑物外角，即短针高度要大于短针与女儿墙外沿的距离，为了防止女儿墙明敷避雷带生锈，可采用圆铝避雷带。建筑物设避雷短针时，短针的有效高度可适当加长一点，而且短针的位置应尽可能

图 2-2 避雷短针的安装位置

靠近外角点。或者在锌钢带上再罩铝罩，这两个方法在上海工程中都得到了应用。建筑物高度超过 60m 以上要考虑防侧雷击，通常变电站建筑物（主变压器开关控制楼、GIS 设备楼和 35kV 电容器楼等）一般高度在 12～25m 之间，属于第二类防雷建筑物。因此无须考虑防侧雷击。

建筑物上的高度和位置应该符合该针能保护到建筑物外角，即针的保护范围 R_x 应不小于针与外角点的距离 b。

（2）避雷短针的有效高度 h_0 不变时，保护宽度随着被保护物（平面）高度增加而减小。但是，当建筑物的高度超过滚球半径时，就无法按此公式来计算了。是否可以把屋面（女儿墙顶）看成地面，再用滚球法来确定呢？

如果将女儿墙顶看成一平面，按二类防雷建筑物标准（h_r=45m），把单个支持卡看成一个避雷短针，经计算得 0.15m 却仅有 3.67m 的保护范围。显然这是不行的，这样无论是避雷带还是避雷针，如果保护范围不够，都可能发生雷击事故。

但是，关于建筑物上的避雷带和避雷针的保护范围在国家规范中也并没有详尽的规定。或许，我们可以把建筑物按所选的滚球半径分成几个部分，再通过同样的公式来计算其保护范围。

例如 100m 高的建筑物被确定为二类防雷建筑物，按滚球半径为 45m，则该建筑物被分成三部分。在建筑物 45m 和 90m 这两部分应设置相应避雷设施来防止侧雷击，而从屋面的短针高度和位置则按 10m 那一项来计算，见表 2-1。

通常变电站建筑物一般在 12～25m 之间，介于第二类与第三类建筑物之间。总之，建筑物暗敷避雷带和设避雷短针时，短针的有效高度应尽量设得长一点，而且短针的位置应尽可能靠近外角点。

表 2-1　高 h=45m 时，避雷针的有效高度（h_0）、被保护建筑物高度（h_x）
与短针的保护范围为 r_x 之间的相关计算值　　　　　　　　　（m）

h_0　r_x　h_x	0	10	16	22	25	28	31
0.15	3.67	0.18	0.12	0.09	0.07	0.06	0.05
0.2	4.24	0.25	0.17	0.12	0.10	0.08	0.06
0.3	5.19	0.37	0.25	0.18	0.15	0.12	0.10
0.4	5.99	0.49	0.33	0.24	0.20	0.16	0.13
0.5	6.69	0.61	0.42	0.29	0.24	0.20	0.16

注　计算时，避雷针高度=短针高度+建筑物高度（$h = h_0 + h_x$）。

常用的有关防雷标准总结为表 2-2～表 2-5。

表 2-2　　　　　　　　　　建　筑　物　分　类

建筑物类别	典型建筑物场所	避雷网网格尺寸（m）	引下线间距（m）	引下线数量（根）	多高须防防侧击雷（m）	冲击接地电阻（Ω）	滚球半径 h_r（m）
一	易爆	≤5×5 或 6×4	>12	>2	>30	<10	<30

建筑物类别	典型建筑物场所	避雷网网格尺寸（m）	引下线间距（m）	引下线数量（根）	多高须防防侧击雷（m）	冲击接地电阻（Ω）	滚球半径 h_r（m）
二	国家级	≤10×10或12×8	>18	>2	>45	<10	<45
三	省部级	≤20×20或24×16	>25	>2	>60	<30	<60

表 2-3　　　　　　　　材　料　分　类

采用部位	优先采用材料	圆钢直径尺寸（mm）	扁钢尺寸		角钢尺寸厚度（mm）	钢管尺寸（壁厚）（mm）
			截面（mm²）	厚度（mm）		
避雷针	圆钢或钢管	>8	48	>4		
避雷网（带）	圆钢	>8	48	>4		
引下线	圆钢	>8	48	>4		
烟囱上引下线	圆钢	>12	100	>4		
引下线暗敷	圆钢	>10	80	>4		
接地体		>10	10	>4	>4	>3.5

表 2-4　　　　　　　　几种厚度综合

适用范围	尺寸（mm）
金属屋面做接闪器	搭接长度≥100
金属屋面做接闪器	板下无易燃物，厚度≥0.5
金属屋面做接闪器	板下有易燃物，厚度：铁>4、铜>5、铝>7
屋面永久金属物	钢管、钢罐壁厚≥2.5
屋面永久金属物	钢管、钢罐有危险，壁厚≥4

表 2-5　　　　　　　　几种间距分类

使用场合	保持间距的对象	应保持间距（m）
避雷针、架空器避线（网）	针、立柱与被保护建筑、管道、电缆、金属物	>3.0
二类建筑引下线	各引下线	均匀或对称布置，>18
三类建筑引下线	各引下线	均匀或对称布置，>25

使用场合	保持间距的对象	应保持间距（m）
引下线断接卡	引下线断接卡至地面之间	0.3～0.8
人工接地体	垂直接地体、水平接地体	5
人工接地体	接地体至地表间（埋设深度）	>0.5
防直接雷接地体	接地体至建筑物出口人行道间	>3.0

2.3　变电站建筑物钢结构主筋作防雷装置的实践

1. 利用建筑物钢结构主筋作防雷装置时对钢筋连接规范的要求

在进行变电站防雷设计时，曾经有设计人员在设计图上指定用两根 $\phi16mm$ 钢筋作为引下线，并要求从底到顶在其搭接和对接处进行焊接。审图人员在审图后认为设计人员有两点观点是错误的，退回了图样要设计人员改图：

（1）混凝土柱内的钢结构主筋是由许多箍筋用金属线绑扎并在一起，指定两根 $\phi16mm$ 钢筋作为引下线，其他的主筋就不是引下线吗？

（2）一栋框架结构的建筑物，其大部分柱子的钢筋体通过主梁、圈梁、地板内的钢筋的连接是并联在一起，怎能说指定的柱子作为引下线就是引下线，其他的柱子就不是引下线呢？

正确的做法是将柱子内的全部主钢筋用金属线绑扎并在一起浇筑成混凝土柱，通过露出端焊接后作为引下线。

目前变电站土建中采用这种情况非常多，主要是在占地面积小，不单独设独立避雷针和构架避雷针的变电站通过钢结构主筋作为引下线和建筑物屋顶（或女儿墙）的避雷带连接（或与避雷短针）构成变电站的防雷装置。

通过以下试验，可证明变电站建筑物通过钢结构主筋作为防雷装置完全满足变电站防雷的需要。

1）对钢筋绑扎点流过冲击和工频电流的试验。试样是方柱形混凝土，边长为 50、100mm 和 150mm 三种。在其轴心埋设两根直径 8mm 的钢筋，将其末端弯起来并用绑线绑扎。对这种连接点用幅值 5、10、20、50kA 波长 $40\mu s$ 的冲击电流波和 3kA 的工频电流进行试验。

从试验所得的电压和电流示波图可证明，这种连接点的电气接触是足够可靠的，其过渡电阻为 $10^{-3}\sim10^{-2}\Omega$。这一结果表明，当雷电流和工频短路电流通过有铁丝绑扎的并联钢筋时，所有纵向主筋都参与导引电流。

2）对钢筋绑扎点做的冲击试验。试样中，纵、横钢筋的接触处有的试样采用焊接，有的采用铁线绑扎。具有代表性的冲击电流波形钢筋接触处的连接方法对钢筋混凝土的破坏影响的试验结果如下：

试样中，有一个试样的一个绑扎点通过 38kA 和两个试样的各一个绑扎点通过 50kA 后，采用铁线绑扎连接的这 3 个钢筋混凝土试样遭受轻度裂缝的破坏。这说明一个绑扎点可以安全地流过几十千伏下的冲击电流。

3）实际上采用的钢筋混凝土构件除进出电流的第一个连接点外，通常都有许多并联绑扎点，因此，若把进出构件的第一个连接点处理好的话（规范要求应焊接或采用螺栓紧固的卡夹器连接），那么，可通过的冲击电流将会是很大的了。

以上所采用的试验冲击电流波虽然不是现在规定的 10kA/350μs 直击雷电流波形，但若简单近似地采用 20 倍的换算，则每一个绑扎点也可安全地通过幅值数千伏下的 10kA/350μs 冲击电流波。

2. 规范与规定

1）GB 50057—2010《建筑物防雷设计规范》[3] 第 4.3.5 条六款的规定：构件内有箍筋连接的钢筋或成网状的钢筋，其箍筋与钢筋的连接，钢筋与钢筋的连接，应采用土建施工的绑扎法连接、螺钉、对焊或焊接。单根钢筋或圆钢或外引预埋连接板、线与构件内钢筋应焊接或采用螺栓紧固的卡夹器连接。构件之间必须连接成电气通路。

2）电气连贯性。在现场浇注的钢筋混凝土建筑物的钢筋偶尔是焊接在一起，这提供了电气连贯性。通常更多的是，钢筋在交叉点是用金属线绑扎在一起。然而，尽管在此产生的自然金属性连接有其偶然性，但是这类结构的大量钢筋和交叉点保证全部雷电流实质上在并联放电路径上的多次分流。

3. 预防措施

经验表明，这类建筑物能够容易地被利用作为防雷装置的一部分。但是建议应采取以下的预防措施：

1）应保证钢筋之间有良好的接触，即用绑线固定钢筋。

2）垂直方向钢筋与钢筋之间和水平钢筋与垂直钢筋之间都应绑扎。

3）JGJ 3—2002（J 186—2002）《高层建筑混凝土结构技术规程》第 6.4.5 条规定："柱纵筋不应与箍筋、拉筋及预埋件等焊接"。

4. 闪电击中钢筋混凝土柱顶时雷电流的分流

（1）单层建筑物或多层建筑物顶层的周边钢筋混凝土柱顶被闪电击中时雷电流在这根柱子的分流系数是不可知，如果以人为指定的若干根钢筋混凝土柱作为引下线和它们之间的间距的数值式是不对的。

（2）建筑物中心钢筋混凝土柱顶被闪电击中时，电流的分流现以一栋三层楼的框架式建筑物为例，有 15 根钢筋混凝土柱子，分三排对称布置。中间一根柱子的顶端被雷击中。*A-A* 断面上的数字为每根柱分配到的雷电流百分数。从这些数值可知，遭到雷击的那根中间柱子分配到的雷电流是最少的，只占到雷电流的 2.3%；而距雷击点最远的四个角的柱子分配到的雷电流是最多的，各占到雷电流的 10.3%。这与人们想象中的分配正相反，也与（1）的概念不同。对于多层或高层建筑物，周边那根遭到雷击的柱子随着倒数层数的增加，分配到的雷电流则在减少，到倒数第 4 层及以下，雷电流就按周边起引下线作用的钢筋混凝土柱的根数 n 平均分配。

5. 带针组合方式应用结论

暗敷避雷带在变电站建筑物直击雷防护中是一种很好的形式，但是由于其某部分的缺陷而禁止使用是比较可惜的。而防雷的形式不是一成不变，经灵活采用带与针的组合方式，将两者优点结合起来，达到一种比较理想的直击雷防护方法。

（1）建筑物的钢筋混凝土柱内钢筋通过屋顶钢筋、圈梁和其他梁内钢筋、其他金属构件并联在一起后，其下端有通到大地的路径时，这些柱内钢筋都会起到引下线的作用。

（2）这些起到引下线作用的柱内钢筋不应强制为了防雷，要求某些钢筋从底到顶全部焊通。

（3）在通常情况下，利用建筑物钢筋体做防雷装置时，人身在建筑物内遇到的接触电压和跨步电压是安全的。在建筑物外引下线附近为人身安全要防接触电压时，当满足以下条件就可以，即"自然引下线由建筑物金属构架在电气上是贯通的不少于 3 根柱子或由建筑物钢筋互相连接在电气上是贯通的不少于 3 根柱子组成"。在建筑物内满足这一条件对人身防接触电压也应该是安全的。

第3章

变电站建筑物塑钢门窗幕墙防雷技术

本章通过雷击变电站建筑物时的雷电流对塑钢门窗型材及其衬钢产生高电位反击和感应过电压，以及对人的生命安全构成威胁的机理分析，给出了变电站建筑物塑钢门窗防雷的必要性和应采取的措施。对幕墙结构的分析、幕墙防雷节点的连接方法，给出了其防雷技术措施。

3.1 塑钢门窗防雷技术应用

PVC 塑钢门窗是 20 世纪 50 年代中期发展起来的一种新型建筑材料。早在 1955 年，前联邦德国诺彼尔公司就开始生产 PVC 窗框型材。1959 年前联邦德国赫斯特公司研发了硬质 PVC 窗框产品，开始塑钢门窗的生产。

塑钢门窗是以碱性硬质聚氯乙烯（UPVC）为原料，经挤压成型成为各种断面的中空型材，定长切割后，在其内腔衬入钢质型材加强筋，再用热熔焊接组装成门窗框、扇，装配上玻璃、五金配件、密封条等构成门窗成品。塑料型材内腔以型钢增强，形成塑钢结构，故称为塑钢门窗，是继木、钢、铝合金门窗后而崛起的第四代新型节能建筑门窗，是节能保温、隔绝噪声、水密、气密和耐久的门窗。

目前，塑钢门窗的研发、生产和应用已取得了极大的进展。随着变电站建筑物塑钢门窗的应用越来越广泛，塑钢门窗的防雷就显得尤为重要，塑钢门窗为什么要接地和怎样接地是亟待解决的问题。就塑钢门窗本身型材及加工、安装工艺，以及使用的五金件（当扇开启的时候，五金件外露，型材内衬钢与衬钢之间通常采用金属螺钉或拉铆钉拼装连接）特性，从理论上分析其防雷的特点，提出应采取的防雷技术措施。

幕墙是附属于主体建筑外围护性结构或装饰性结构。近 10 年来随着科学技术的发展，使得许多有利于幕墙发展的新原理、新技术、新材料和新工艺被开发出来。变电站建筑物外立面（局部）考虑美观要求用幕墙作装饰的情况也越来越多，其防雷显得尤为重要。

3.2　塑钢门窗防雷机理分析

塑钢门窗的防雷接地，不仅对侧击雷的防护有着重要的作用，同时有着良好的防雷电感应和一定的屏蔽作用（即法拉第笼防雷）。就塑钢门窗受侧击雷和雷电的静电感应机理进行分析，提出雷电防护的必要性。

1. 塑钢门窗的雷电侧击机理分析

滚雷球保护法是基于雷闪数学模型（电气-几何模型）（推导公式省略）并以 GB 50057—2010《建筑物防雷设计规范》表 5.2.1 中的 h_r 代入，得：

对第一类建筑物（h_r=30m），I=5.4kA；

对第二类建筑物（h_r=45m），I=10.1kA；

对第三类建筑物（h_r=60m），I=15.8kA。

相应防雷装置电阻电压降可用式（3-1）表示

$$U_R=IR \tag{3-1}$$

而电阻电压降对气隙击穿厚度可表示为

$$d_R=U_R/E_R \tag{3-2}$$

式中　U_R——雷电流流过防雷装置时接地装置上的电阻电压降（kV）；

E_R——电阻电压降的空气击穿强度（kV/m）；

d_R——雷电流流过防雷装置时接地装置上的电阻电压降空气击穿厚度（m）；

I——雷电流电流强度（kA）。

根据现阶段的研究，尚未有击穿强度比空气高的建筑材料。而塑钢门窗作为一种新型建筑材料，为简化计算，取空气的击穿强度为 500kV/m，以第一类建筑物为例，其冲击接地电阻可分为以下三种情况：

1）建筑物直击雷防护的 R_{cj} 应不大于 10Ω；

2）若与电源保护地共用地网，其 R_{cj} 应不大于 4Ω；

3）若与弱电设备共用地网，其 R_{cj} 应不大于 1Ω。

将数值代入式（3-1）、式（3-2）得表 3-1 的数值。

表 3-1　雷电流对不同防雷装置产生的电阻电压降及其对气隙的击穿厚度

类型	Ⅰ型	Ⅱ型	Ⅲ型
冲击接地电阻（Ω）	10	4	1
电阻电压降（kV）	54	21.6	5.4
空气击穿厚度（m）	0.108	0.0432	0.0108

　　从表 3-1 可以看出，即使 5.4kV 的电压足可击穿 1cm 厚的空气。而雷电流通道通常可达几千千伏。倘若雷电直接击在塑钢门窗上，对型材厚度仅为 3～3.5mm 塑钢门窗极易被雷电击穿。如果塑钢门窗的衬型钢"加强筋"没有散流通道或散流通道太小，不能迅速将雷电流导入大地，就会导致塑钢门窗的炸裂、熔化等机械和热效应的雷害事故，对人的生命安全构成威胁。因此，塑钢门窗须采取防雷措施。

　　2. 塑钢门窗雷击静电感应机理分析

　　建筑物防雷装置接受雷闪时，以 kA/μs 级的高频雷电流流过防雷装置，造成接闪器和引下线具有很高的电位，同时在其附近的塑钢门窗框、扇型材内腔的衬型钢"加强筋"及其五金配件上将有感应静电过电压，视其型材内腔的衬型钢"加强筋"为孤立导线如图 3-1 所示，其 U_P 值为 $U_P = U_{NC2}/(C_{12} + C_{22})$。

　　塑钢门窗是独立的，其塑钢门窗型材内腔的衬型钢"加强筋"以下简称"导体"上的感应电压，有以下两种情况：

　　（1）第一种情况。如图 3-2 所示，塑钢门窗型材内腔导体下端与防雷装置连接时，其间（垂直导体的上端与防雷引下线之间）的电位差（kV/m）可按下式计算

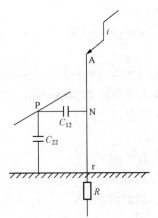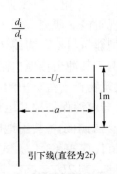

图 3-1　雷电电容耦合过电压示意图　　图 3-2　导体下端与防雷装置相连雷电

电磁感应过电压示意图

$$U_L = (0.2 \ln a/r)\, \mathrm{d}i/\mathrm{d}t \qquad\qquad (3\text{-}3)$$

式中　a——塑钢门窗与防雷装置的距离（m）；

　　　r——防雷引下线的半径（m）；

　　$\mathrm{d}i/\mathrm{d}t$——雷电流陡度（kA/μs）。

　　根据对雷电所测量的参数得知，雷电流最大幅值出现于第一次正极性或负

极性雷击，电流最大陡度出现于第一次雷击以后的负雷击。正极性雷击通常仅出现一次，无重复雷击。

IEC—TC81 的有关文件提出电感电压的空气击穿强度为

$$E_L=600（1+1/T_1）$$

因此，根据 GB 50057—2000《建筑物防雷设计规范》当 T_1=10μs 时，di/dt=20kA/μs；E_L=660（kV/m）。

将上述值代入电感电压降公式

$$d_L=U_L/E_L$$

得出表 3-2 的数值（r=0.004m 代入）。

表 3-2　　　　　　正极性雷击对与防雷装置距离不同的塑钢门窗
每米高度产生的电感电压降及其对气隙击穿的厚度

a（m）	5	10	15	20	25
U_L（kV）	28.53	31.30	32.92	34.07	34.96
d_j（m）	0.0432	0.0474	0.0499	0.0516	0.0530

当 T_1=0.25μs 时，则得表 3-3 的数值。

表 3-3　　　　负极性雷击对与防雷装置距离不同的塑钢门窗产生
的电感电压降及其对气隙击穿的厚度

a（m）	5	10	15	20	25
U_L（kV）	285.27	313.00	329.21	340.72	349.60
d_j（m）	0.0951	0.1043	0.1097	0.1136	0.1166

（2）第二种情况。如图 3-3 所示，如果塑钢门窗是独立的，不连接时其间的电位差可表示为 $U_L=U_1+U_2$。若导体上、下端与引下线距离相同，则 $2U_1=2U_2=U_L$。

因此，$U_L=2U_1=（0.4\mathrm{In}a/r）$ di/dt（kA/m）

可见其导体上产生的感应电压及击穿气隙距离均大于第一种情况。

综上所述，雷击防雷装置时，不管是正极性雷击还是负极性雷击所产生的雷电流，流经防雷装置（引下线），时所产生的高电位对塑钢门窗框（扇）型材内腔的衬钢产生的感应静电过电压，足可击穿的气隙

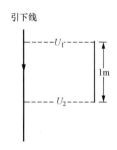

图 3-3　导体与防雷装置不连接时
雷电电磁感应过电压示意图

27

距离都在 4cm 以上，而塑钢门窗异型材厚度仅为不足 4mm，充分证明了塑钢门窗防雷必要性。

3. 塑钢门窗防雷措施

塑钢门窗的防雷不仅要达到安全、可靠而且还要达到安装可行性，通过对塑钢门窗厂家型材调查和对塑钢门窗防雷接地检测的经验，以及根据塑钢门窗型材特性及其加工、安装工艺要求和等电位联结导线的最小截面（铜 Cu 为 16mm^2，铝 Al 为 25mm^2，铁 Fe 为 50mm^2）要求。对塑钢门窗防雷提出了以下两种防雷接地措施要求。

（1）塑钢门窗与防雷装置一点法连接。

1）塑钢门窗框之间防雷连接，如图 3-4～图 3-6 所示。

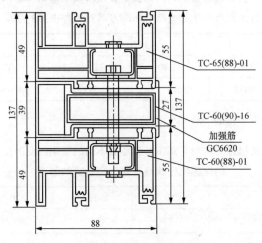

图 3-4　拼接螺栓窗框防雷连接

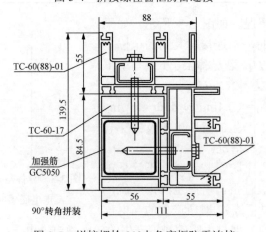

图 3-5　拼接螺栓 90°上角窗框防雷连接

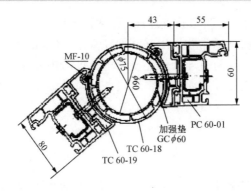

图 3-6　拼接螺栓任意角窗框防雷连接拼接

塑钢门窗框、扇型材内腔的衬型钢"加强筋"厚度通常大于 1.5mm，而加强筋表面应进行防锈处理。固定用的镀锌和镀铬螺钉大小为 $\phi3.9\text{mm} \times 25\text{mm}$、$\phi3.9\text{mm} \times 38\text{mm}$、$\phi3.9\text{mm} \times 45\text{mm}$。因此对于组合窗型，塑钢门窗框、扇型材之间内腔的衬型钢"加强筋"的防雷连接的固定螺钉数量不得少于 4 个，其间距不得大于 500mm，同时五金配件应固定在插入的增强衬筋上，五金配件的固定也采用自攻螺钉或拉铆钉。这样，各个窗框之间就通过拼接件（如拼接螺栓、拼接螺钉）相互连接构成的连通闭合体，从而成为一个整体。

2）塑钢门窗框、扇的防雷连接，如图 3-7 所示。根据防雷的等电位联结的要求以及型材尺寸，在窗框或窗扇的四角处，采用 ┓ 型镀锌扁钢（作防锈处理）将框内的衬钢连为一个闭合体，┓ 型镀锌扁钢防雷连接件采用横截面积大于 50mm^2 的扁钢制作而成，通过四颗金属连接螺栓与衬钢连接为一体，形成等电位。

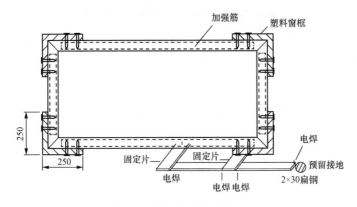

图 3-7　塑钢门窗防雷节点

3）塑钢门窗与防雷装置的连接，如图 3-8、图 3-9 所示。整体窗框连接通后，通过连接件将窗框与防雷装置连通，以致雷电侧击塑钢门窗后能迅速散流，达到防雷效果。连接件通常宜采用横截面积大于 50mm² 镀锌扁钢，扁钢之间连接采用焊接；窗框与防雷连接件连接，可通过两颗镀锌螺栓（大于ϕ8mm）将框内衬钢与防雷连接件连通，防雷连接件与防雷装置（均压环或引下线）采用焊接连接方式（焊接长度不小于10倍圆钢直径）。

图 3-8　塑钢门窗连接片　　　　图 3-9　塑钢门窗固定片

（2）塑钢门窗与防雷装置多点法连接，塑钢门窗与预留接地连接示意图如图 3-10 所示。

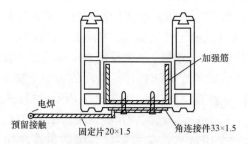

图 3-10　塑钢门窗接地连接

采用多点法连接，从防雷效果看更加安全、可靠，但安装的操作难度较大。前提条件是必须将窗框周围的结构钢筋与防雷装置可靠连接（以下不妨称作防雷结构钢筋），同时必须将塑钢门窗框之间进行防雷等电位连接，然后利用窗框四周的固定片直接与防雷结构钢筋焊接连通，但每边至少要有四个固定片以上，方可达到防雷效果。

3.3　幕墙的结构

根据幕墙面板材料的不同，建筑幕墙一般可分为玻璃幕墙、金属幕墙（铝合金、不锈钢）、石材幕墙等，其中玻璃幕墙和铝合金幕墙最为常见。无论何种幕墙，从结构上看都是由框架、面板和填衬材料三部分组成的。大多数幕墙框架采用型钢或铝合金型材作为骨架，此外还需要各类连接件与紧固件，通过它们将骨架、主体结构和饰面面板三者连接在一起。

（1）幕墙防雷措施。变电站建筑物外立面幕墙，除了防直击雷（包括侧击雷）外，还应防雷电感应。若幕墙骨架各节点做好连接，其本身就是良好的法拉第笼，起着良好的屏蔽作用。因此，做好幕墙的防雷十分重要。

（2）利用幕墙顶部金属封修板做接闪器。由于幕墙顶部位于女儿墙或楼的外周边，属于易遭雷击部位，尤其是转角处为雷击率最高部位。当女儿墙与幕墙间的封修（也称压顶板）采用金属板时，可利用其做接闪器，但其厚度要不小于0.5mm，其搭接长度不小于100mm；当金属板上面有防腐层时，沥青层厚度不超过0.5mm，聚氯乙烯厚度一般不超过1mm。

（3）幕墙主金属构架与大楼主体防雷连接。当幕墙高出或与屋面、女儿墙平齐时，其所有金属构架都必须与避雷带（网）进行可靠连接，使幕墙金属主构架与避雷带（网）连成一个整体。具体做法为：

当幕墙金属构架采用型钢时，应用4mm×40mm镀锌扁钢或ϕ10mm镀锌圆钢把金属主构架和楼顶避雷带（网）进行焊接；当幕墙主金属构架采用铝合金材料时，应在主金属构架和避雷带（网）之间用软导线连接，采取螺栓压接方式，导线最小截面：Cu为16mm^2，Al为25mm^2，Fe为50mm^2。

（4）幕墙立柱的连接。幕墙立柱防雷连接如图3-11、图3-12所示。幕墙结构上要求在平面内应有一定的活动能力，以适应主体结构的侧移，立柱在大楼的每层之间都设有活动接头连接，这样就可以使立柱有上下活动的可能，从而使幕墙在自身平面内有变形的能力。技术规范要求上下柱接头空隙不小于15mm。每层之间接头处立柱是通过一个芯柱（或连接套筒）连接。芯柱常涂有沥青或其他防腐材料。为了保证防雷要求，接头处跨接应加防雷连接件，防

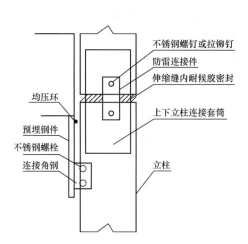

图3-11 立柱防雷连接图

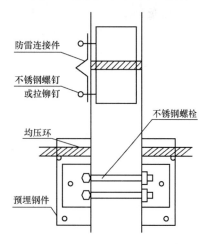

图3-12 立柱防雷连接侧面图

雷连接件长度应留有一定的裕量（呈拱形），以适应立柱的上下移动和自身的热胀冷缩效应，防雷连接件的最小截面：钢为 $16mm^2$、铝为 $25mm^2$、铁为 $50mm^2$。

（5）立柱与预埋件的连接。幕墙构件与混凝土结构的连接一般是通过预埋件实现的，电气设计和施工单位应配合幕墙公司预留好与主体防雷系统相连的预埋件。

在主体建筑有水平均压环（多层建筑利用其圈梁主钢筋）的楼层，对应导电通路立柱的预埋件或固定件采用圆钢或扁钢与水平均压环焊接连通（见图3-1、图3-2）。立柱与预埋件之间的连接材料一般采用角钢，角钢厚度大于或等于4mm；角钢与预埋件焊接，与立柱用不锈钢螺栓连接，以避免在结合部因两种金属间的电化学腐蚀而引起结构的破坏。

（6）横梁与立柱的连接。横梁一般分段与立柱连接，在立柱中嵌入连接，连接处有弹性橡胶垫，因此各段横梁伸缩缝及与立柱之间须用连接线跨接，连接线最小截面：铜为 $6mm^2$、铝为 $10mm^2$、铁为 $16mm^2$。

（7）立柱与大楼地网的连接。立柱底端应与大楼地网连接。土建施工时，应在适当地点预留接地连接端，以便幕墙立柱与大楼地网相连，幕墙接地电阻值应与大楼主体接地要求相一致。

（8）玻璃幕墙建筑设计。玻璃幕墙应形成自身的防雷体系，并应与主体结构的防雷体系可靠地连接。

（9）玻璃幕墙的安装施工应对下列项目进行隐蔽验收：

1）构件与主体结构的连接点的安装。

2）幕墙四周、幕墙内表面与主体结构之间间隙节点的安装。

3）幕墙伸缩缝、沉降缝、防震缝及墙面转角节点的安装。

4）幕墙防雷接地节点的安装。

3.4　工程案例小结

针对塑钢门窗的型材特点和雷电流本身特性，综合以上分析，得出以下结论：

（1）塑钢门窗（彩钢、彩铝）的防雷是必要的，措施是有效的。

（2）塑钢门窗的防雷接地，不仅对侧击雷的防护有着重要的作用，同时有着良好的防雷电感应和一定的屏蔽作用（即法拉第笼防雷）。

（3）塑钢门窗的防雷措施可采用塑钢门窗与防雷装置一点法或多点法连接。塑钢门窗的防雷不仅要考虑窗框内部等电位联结，还要考虑窗框之间等电位联结。

（4）幕墙防雷系统与大楼防雷系统是紧紧联系在一起的，幕墙防雷是大楼防雷系统的一部分，两者不可分割。

（5）幕墙防雷作用十分重要，不仅防直击雷，而且有着良好的屏蔽效果。

（6）幕墙结构各节点连接以及与大楼主体防雷系统的连接是做好幕墙防雷的关键。除不锈钢外，幕墙中不同金属材料接触处，应合理设置绝缘垫片或采取其他防腐措施，但应注意做好跨接，保持电气上相通。

第4章

变电站建筑物雷电防护装置检测与验收

由于变电站建筑物内电子、电气设备和线路密集，雷电对其的破坏威胁比较大。如何做好雷电防护装置检测数据的准确与否直接影响着建筑物雷电防护措施的有效性。本章从已采取雷电防护措施的几种方式着手，介绍雷电防护装置的检测与验收要点。

4.1 外部、内部防雷装置检测

目前，在变电站建筑物的设计和施工中，是由避雷带引雷，并通过引下线向自然接地体周围大地泄流进入大地。一般利用建筑物的基础做接地体，利用柱或剪力墙内结构主筋做防雷引下线，并保证每条引下线不少于两根主筋与变电站主接地网连接，随主体结构工程逐层焊接，串联至屋顶与避雷带连接。

因此接地装置和引下线本身质量的好坏，直接影响雷电流的散流效果，雷电流散流的越快，建筑物遭受雷击的危险性就越小。雷电防护装置的检测监督也应从基础做起。检验各部位质量好坏的主要标准就是经检测所得出的数据是否符合国家强制性标准。

雷电防护系统由外部和内部两部分组成：

1）外部雷电防护包括：接闪器（即避雷针、网、带）、引下线、屏蔽、均压环、接地装置、共用接地系统等。

2）内部雷电防护系统包括：笼式避雷网（屏蔽）、等电位连接、共用接地、合理布线、安装电涌保护器（SPD）等。

外部防护（直击雷）的作用是拦截、泻放雷电流，它由接闪器（避雷针、网、带）、引下线、接地装置组成，可将绝大部分雷电能量直接导入地下泄放。

1. 接地装置

变电站的接地是分流和泻放直击雷和雷电电磁干扰能量的最有效的手段之一，也是电位均衡补偿系统基础。目的是使雷电流通过低阻抗接地系统向大地泄放，从而保护建筑物、人员和设备的安全。没有良好的接地系统或者接地不良的避雷设施会成为引雷入室的祸患，避雷装置接地不好，还提供了雷电电磁脉冲对电气和电子设备产生电感性、电容性耦合干扰的机会。

一般条件下，建筑物多数是利用槽形、板形或条形框基础的钢筋作为接地体。当接地阻值达不到设计要求时，才增设辅助地网。

为此应遵循以下测试程序方可保证对建筑物基础接地装置的测试准确性。采用目测与仪器测试相结合的方式

（1）检查接地网与护坡桩的钢筋是否就近连接，连接点的数量与引下线的数量是否一致，是否对齐引下线的位置。在距地平面−0.8m 处利用大于40mm×4mm 镀锌扁钢或大于 ϕ16mm 铜绞线。四周护坡桩内的两根主筋连接，形成闭合回路；焊接长度和面积是否符合规定。是否按照施工图设计文件进行施工。

（2）用相应的仪器设备进行测试，确定是否达到规定或设计标准。若需要增设辅助接地装置的，应检查测量人工接地体在土壤中的埋地深度、间距、位置是否适宜，材料选用是否合理；接地装置的焊接是否规范。并应利用仪器对其接地电阻值进行测量，以确定是否符合规范要求。

2．引下线

引下线的作用是将避雷带与地网接地体连接在一起，使雷电流构成通路。在变电站建筑中一般是利用其柱或剪力墙中的主筋作为引下线，随主体结构逐层串联焊接至屋顶与避雷带连接。为了安全起见每条引下线不应少于两根主筋，主筋的截面大于 ϕ16mm。这样做具有经济、实用、易于操作的特点，由于现浇混凝土内的引下线不易氧化，所以具有使用寿命长的特点。按建筑物的防雷类别适当减小引下线的间距，这样做可以迅速分流，降低反击电压。

因此，对引下线的测试应采取以下几种方式：依据防雷分类测试引下线间的距离是否符合以下标准：应测量钢筋的焊接长度，并对每层的引下线进行仪器测试，以确定是否符合规范规定和设计标准。

3．避雷针、网、带

改善直击雷措施是根据技术规范完善避雷针、网带等设施。必须采用各种对雷电流某一物理效应有明显效果的新型和优化避雷针，以降低雷电流陡度（di/dt），从而减小二次雷击的感应电压。或在条件允许、经济可承受的前提下，最大限度降低接地电阻等。

而变电站建筑物中采用最普遍的则是避雷带。避雷带由镀锌扁钢和支撑卡子组成，并与引下线连接。且避雷带应设置在建筑物易受雷击层檐、女儿墙等，其作用是引雷，雷电流通过引下线向大地泄流，避免变电站建筑物遭受雷击。

避雷带的检测应注意以下几个方面：避雷带是否顺直，有无高低起伏现象；避雷线弯曲处是否大于 90°；弯曲半径是否大于圆钢直径的 10 倍；避雷带如果采用镀锌圆钢，镀锌圆钢焊接长度是否为其直径的 6 倍，并四面焊接；如遇有

变形缝处是否做煨弯补偿处理；支撑卡子是否采用 40mm×4mm 镀锌扁钢，卡子埋深是否大于 80mm，卡子顶部是否距建筑物屋檐、女儿墙等表面是否有100mm，卡子水平间距是否大于 1000mm，各间距是否相等，与引下线是否做可靠机械连接。

4. 均压环

在变电站建筑的设计和施工中，除了防止雷电的直击外，还应防止侧向雷击，接近 30m 高的建筑物，应在每隔两层围绕建筑物外廊的墙内做均压环，并与引下线连接。保证建筑物结构圈梁的各点电位相同，防止出现电位差。在检测中应认真检查是否按照规范规定设计均压环。均压环是否采用不小于ϕ8mm 的镀锌圆钢，或不小于 40mm×4mm 的镀锌扁钢；均压环是否沿建筑物的四周暗敷设，并与各根引下线相连接。外檐金属门、窗、栏杆、扶手、玻璃幕墙、金属外挂板等预埋件焊接点是否少于两处与引下线连接；搭接长度是否符合规范规定。

5. 女儿墙

以下三种情况应出具整改意见：

（1）采用大理石等非金属装饰材料而未安装避雷带的。

（2）将避雷带直接贴装在女儿墙上的（女儿墙已采用铝合金等金属板材外包的除外）。

（3）将避雷带安装在女儿墙内沿，或安装在女儿墙中间，但因女儿墙的宽度较大而使其外沿未处于保护范围内的。

6. 内部防护

雷电电磁脉冲防护的作用是均衡系统电位，限制过电压幅值，它由均压等电位联结、各种过电压保护器（避雷器）等组成。其技术措施是截流、屏蔽、均压、分流、接地。对雷电电磁脉冲容易入侵的所有通道，如电源线、天馈线和各种信号传输线等带电金属通道，除要求合理布线、严密屏蔽外，最简便、最经济的措施是分别加装避雷装置，以堵截雷电过电压。加装避雷装置的实质是使带电金属导体实现等电位均压联结。

（1）电源系统、检查总配电部位及分支部位是否按照要求安装 SPD，安装的规格标准是否符合规范要求，安装位置、数量是否合理，总配电箱外壳接地是否良好。

（2）电源信号系统、计算机网络系统、监控系统、火灾报警控制系统的信号控制系统是否按照规范和设计要求安装 SPD，其规格型号等是否符合要求。

（3）弱电机房接地装置、机房内的避雷器、总配线架、设备的金属外壳是否接在总接地母排上，使弱电系统各回路间相互感应而产生的干扰降低；建筑物内各金属管道是否做等电位联结；电气接地、保护接地、防雷接地、防静电

（静电地板）接地等是否共用一个接地；电源系统、信号系统、消防监控系统等是否按规范规定安装 SPD。

（4）等电位联结、各楼层的金属构件均应根据规定和需要进行等电位联结，尤其在电子信息系统的机房应设等电位网络。并应做好屏蔽，信号电缆的屏蔽要点是：过早地敷设、排流防雷、穿管（槽）走线、可靠接地。电缆的屏蔽性能与电缆外导体或屏蔽体是否接地以及它的敷设形式有关。电缆不同的敷设形式，其屏蔽效果也大不相同，架空电缆比埋地电缆更易受雷电损坏，设备的屏蔽主要依赖其外壳。对于屏蔽要求很高的设备，应设置专用的屏蔽室。设备外壳和屏蔽室的屏蔽体都应良好接地，均衡连接、合理接地，均衡连接即完善均压网络。

对保护范围内的所有不带电金属导体应进行严密的等电位联结，并与符合要求的地线可靠连接。从而形成一个统一的、适应不同负载特性和频率的低阻抗接地网络。该网络由总等电位连接箱（MEXT）、局部等电位连接箱（LEXT）和等电位联结导线组成。该网络内各部分之间只能由等电位联结点（公共接地点）与接地装置连接，彼此间没有闭合回路。

工程实践应注意处理好以下几个方面的等电位联结问题：

1）建筑物内不带电金属物的等电位联结。包括各种金属管道、建筑钢筋、电缆屏蔽层、供电系统中的中性线或保护接地线、各种金属机械设备的外壳和它们间的金属管路等。

2）建筑物顶不带电金属物的等电位联结，如通风、空调、铁栏杆等。

3）建筑物外带电金属物的等电位联结，如电源线、信号线、控制线等。应认真检测上述部位焊接和安装工艺是否符合规范要求。

4.2　等电位接地等效电路分析

等电位接地在防雷保护中起着极其重要的作用。等电位体是理想的、动态阻抗的模块，必须对其有效性进行分析。

构成等电位系统的各种连接线、连接件对雷电流而言，存在相应的阻抗，可以通过其等效电路来分析其有效性。

在电子设备较为集中的场所，等电位接地系统在雷电防护中有着重要的作用。雷击造成电子设备损坏的方式主要有局部高电位、大电流侵入、雷电电磁脉冲感应等。尽管许多电子设备都采取了多级浪涌保护措施，但仍然需要有效的等电位接地系统，一是均衡电位差，二是地电位整体抬升。

暂态雷击过电压、过电流对电子设备的损坏，取决于在极短"瞬间"与等电位接地系统相连的设备，能否与地保持在相同的动态电位上。所以在电子设备集中的场所，如何做好地电位瞬间的"整体抬升"，是保证设备安全的关键。等电位连接是否有效，我们可以把等电位接地系统简化成与之相应等效电路来进行分析。

1. 等电位接地技术及其基本导电原则

等电位接地是通过等电位联结来实现的。等电位联结是指"使各外露可导电部分和装置可导电部分电位基本相等的电气联结"。通常分三个部分：总等电位联结、局部等电位联结和辅助等电位联结。

任何一种等电位联结都是通过金属连接线、金属紧固件、电涌保护器等来完成，所以总是存在线路阻抗和接触电阻，等电位联结内部存在绝对的电位差。等电位接地绝不是简单的将接地点连接在一起，而是一个等电位系统，它包括引下线、连接线、连接端口、汇接排、所有需要接地保护的设备端口以及设备的可导电的金属外壳。正确合理的接地保护模式对设备、人员可以达到预期的保护效果，对一些似是而非的连接模式可以通过其等效电路来分析其有效性。

电子设备因雷击而损坏，都是由于雷击过电压（过电流）在被保护区域内形成了电位差。当雷击过电压通过电源线、信号线、接地线以及建筑物的各种金属构架侵入机房时，在相应的传导媒介上形成高电压，在 0.1μs～1ms 时间内可产生高达数千安培的雷电流，在入地过程中，一方面会抬高地电位，另一方面会产生浪涌电压侵入机房，而入地的雷电流还会产生反击电压涌入机房，因此，机房的接地点可能是首先产生高电压的地方。

所以，在电子设备集中的场所应该建立一个等电位接地系统，当外界的浪涌电压侵入时，过电压保护器动作，接入等电位接地系统的所有设备相对于地都处在同一个电压等级，使机房的所有设备都处在同一个参考电位，没有电位差，从而起到保护设备的目的，这是理想状态下的等电位的导电原理。但等电位的形成是瞬间的动态过程，等电位系统中的各种连接导线呈现出不同的阻抗，在等电位的形成过程中，会产生动态的电位差，使设备瞬间受到损坏。

2. 对等电位接地系统分析

防雷工程中在机房等电子设备集中场所常用的等电位连接方式及其等效电路。其特点是从户外引入接地端子，与汇接排相连接，然后从汇接排引出接地线连接设备，防雷器的接地端也接入汇接排。从等效电路中可以看出，SPD 在释放雷电流的同时，由于接地阻值、连接线的阻抗存在，在汇接排上呈现动态高电位。在理想状态下，雷电流经 SPD 完全对地释放，即在被保护的设备及接地引线上没有雷电流经过，但加在被保护设备上的电压与 SPD 的导通电阻、接地引线的阻抗有关。

3. 等电位接地时设备侵入高电位原因

雷电流经过任何一端导体，都会产生电压。一般的接地导线除了有线性电阻外，对变化率大的雷电流，还呈现出感性阻抗。

等电位连接在等效电路中，Z_d 为 SPD 两端引线的阻抗，Z 为设备接地引线的阻抗，Z_s 为 SPD 导通状态时的电阻，R 为设备的负载电阻。假如 SPD 已分流了所有雷电流，泄放路径为 Z_s—Z_d—R，则在 Z_d 上产生的电压为 $L_0 L di/dt$，其中 L_0 为导线每米的电感量，L 为接地引线的长度，di/dt 为雷电流随时间的变化率。而在 Z 上无电压产生，

所以在设备输入端对地电压为　$U_a=IZ_s+L_0 L di/dt+IR$

设备接地端的对地电位为

$U_b=IR_g$ 加在设备两端的电位差　$U_{ab}=IZ_s+L_0 L di/dt$

从式中可以看出，当 SPD 释放雷电流时，在被保护设备两端所产生的电位差与 SPD 的接地引线、电感及雷电流随时间变化率有关。

4. 程控交换机防雷失败原因分析：程控交换机的防雷保护

故障现象：UPS 电源、交换机电源部分因雷击损坏，但 SPD 完好无损。

内部防雷环境：供电电源安装一级（ZnO）电涌保护器，末级与被保护设备的线路长约 2m，避雷器两端引线长约为 2m、10mm^2 的铜芯线，进出信号配线架安装放电管。机房铺设防静电地板，作等电位连接，接地电阻值为 3Ω。

外部防雷环境：机房位于二层建筑物的底层，无防直击雷设施。周围无高层建筑（六层以上），供电线路由室外架空直接引入机房。

雷击事故分析：从故障现状及从周围环境分析，雷击过电压从架空输电线引入，引起设备 L 或 N 端对地的电位差超过设备的耐绝缘冲击要求。取单位长度的引线的电感为 1μH/m，雷电流随时间的变化率为 1kA/1μs，SPD 导通电阻取 1Ω，L 与 PE 之间的电位差为 $U=I_{zs}+L_0 di/dt=1×1+1×2×1=3kV$ 同样 N 与 PE 之间的电位差也为 3kV，足以损坏 UPS 等设备。

5. 输入线路阻抗（Z）与防雷器的保护效果

当考虑输入线路阻抗时，SPD 的保护等效电路中 SPD 的导通电阻 R_s 与引线阻抗之和与输入线路阻抗构成分压器，因此 SPD 的限制电压为 $U=U_i（R_s+Z_x）/（Z+R_s+Z_x）$ 式中，U 为加在被保护设备两端的电压，U_i 为侵入浪涌电压。R_s 的阻值可以从正常时的兆欧级降到几欧，甚至小于 1Ω。由此可见 R_s 在瞬间流过很大的电流，当 Z 远大于 R_s+Z_x 时，过电压大部分降落在 Z 上，而被保护设备的输入电压比较稳定，因而能起到保护作用。从保护效果来看，Z 越大，其保护效果就越好，若 $Z=0$，SPD 就不起保护作用了。通过对等效电路的分析，在防雷工程实际安装时，由于安装条件的限制，无法减小 Z_x（SPD 的引线阻抗）

时，可以通过加大 Z, 来提高 SPD 的保护效果。

通过以上分析可以看出，在评价电子设备防雷保护方案、分析电子设备防雷保护失败原因以及等电位接地的有效性时，等效电路是有效的方法，可以清楚地找出防雷保护失败或电位差产生的原因。

总之，在检测过程中，检测（监理和质监）人员应具有高度的责任感，应保证每一个检测数据都具有其真实性、科学性、公正性，检测在各环节发现的问题（特别是隐蔽工程部分），均应及时提出整改意见，限期整改，及时消除安全隐患。为变电站建筑物的防雷接地安全保驾护航。

第5章

220kV 惠南变电站接地网施工案例

5.1 惠南变电站地网降电阻方法

上海地区 220kV 和 500kV 变电站接地网基本上分为两大类：

（1）2000 年前建的变电站由于受到材料的限制，起先采用扁钢，后来采用镀锌扁钢（焊接处均作防锈处理），接地网接地电阻按人工接地极工频接地电阻的要求：$R \leqslant 0.5\Omega$ 设计，采用大开挖方式。接地网埋深：一般建筑物和控制楼在 1.2～2m，户外配电装置在 0.8～1.0m。长期使用后由于扁钢受到严重腐蚀，接地网有效面积减少，接地电阻增大。当时由于交流系统容量和短路电流不是太大，而且人们认为交流接地网无正常工作电流，只有故障时的短暂接地或相间短路电流，故并非十分重视。

（2）2000 年后随着系统的短路容量的增加和 BS-F 复合接地极棒、放热熔焊的推广和应用，在不进行大开挖的基础上实现了接地网由横放改为竖放，使接地网接地电阻大幅度下降。

随着系统的短路容量的增加，远景单相短路电流 500kV 系统为 63kA，220kV 系统为 50kA，110kV 和 35kV 系统为 25kA（远景短路电流作为设备引下线热稳定截面控制电流）。

220kV 惠南变电站全站接地网面积 29600m^2。工程自 2002 年 5 月 27 日开工，已于 2003 年 4 月 21 日全部按照设计要求施工结束，缺陷处理完毕，并通过验收，投入运行。

由于电力系统短路容量的增大及土地资源稀缺的影响，惠南（集控）变电站受到占地面积和接地网总面积的限制。首次采用从英国引进最先进的钢镀铜 BS-F 复合接地极棒，使全站接地网接地电阻 $R \leqslant 0.04\Omega$，比电力安全规程规定的采用传统人工接地极工频接地电阻 $R \leqslant 0.5\Omega$ 下降 92%。这样当接地短路时，短路故障电流能在最短时间内充分释放，保证故障点电位升高不至于引起人身和设备不安全。

考虑到隐蔽工程量的百年大计和在不进行大开挖条件下，实现了接地网由横放改为竖放的目标，使接地网接地电阻大幅度下降。建议以后新建站和老站改造中积极推广采用，并以铜绞线与铜排相结合来大幅度降低工程费用。

5.2　人工接地极工频接地电阻的简易计算公式

用测量垂直接地极的接地电阻方法计算土壤的电阻率，垂直接地极的接地电阻是与土壤电阻率、接地极在地中的长度及接地极的横截面积有关的值，在已知接地极在地中的长度和接地极的横截面积后，只要测出垂直接地极的接地电阻，就可计算出土壤电阻率，这种方法又称单极法。垂直接地极接地电阻的计算常用的有两个公式。

（1）1976 年《电力设备接地设计技术规程》，计算人工垂直接地极工频接地电阻是采用俄国 Φ·奥尔连多夫公式

$$R_v = (\rho/2\pi L)\ \ln\ (4L/d) \tag{5-1}$$

式中　R_v——垂直接地极的接地电阻（Ω）；

ρ——土壤电阻率（Ωm）；

L——垂直接地极的长度（m）；

d——BS-F 棒的直径（m）。

（2）DL/T 621—1997《交流电气装置的接地》附录 A 规定。计算人工垂直接地极工频接地电阻时，采用美国 H·B·德怀特提出的公式，在同一层面均匀土壤中，单组 BS-F 垂直超深度钢镀铜防腐蚀接地棒的接地电阻计算公式为

$$R_v = (p/2\pi L)\ [\ln\ (8L/d)\ -1] \tag{5-2}$$

式中　R_v——垂直接地极的接地电阻（Ω）；

p——土壤接地电阻率（Ωm）；

L——BS-F 接地极棒的长度（m）；

d——BS-F 接地极棒的直径（m）。

（3）人工接地极工频接地电阻的实际应用。

1）由 $R_v \leq 0.5\Omega$ 可以看出，接地电阻与土壤电阻率成正比，与接地网总面积的平方根成反比。由于土地资源的宝贵，要求变电站占地面积大幅度减小，相应的接地网总面积也只能缩小，要增大接地网总面积变得很困难。要想使接地网接地电阻大幅度下降，唯一的办法是采用新材料和新工艺大幅度降低土壤电阻率。上海地区土壤电阻率一般不超过 40Ωm，惠南变电站按 30Ωm 考虑。接地网接地电阻按 $R = 0.04\Omega$ 设计较 $R_v \leq 0.5\Omega$ 的设计下降 12.5 倍。这样当接地短路故障时故障电流在最短时间（故障持续时间为 0.5s）内充分释放。

2）当土壤阻率小于 100Ωm，在接地极的实际长度不大于接地极的有效长度时，换算系数 $A=1$，在这种情况下，取工频接地电阻等于冲击接地电阻是可

以的。

3）应根据电网的短路电流确定变电站接地网接地电阻的数值。220kV 电压等级，短路电流取 50kA；110kV 及 35kV 电压等级，短路电流取 25kA。本案例变电站接地网的接地电阻经设计计算为 $R_{sp} \leq 0.5$（$p\sqrt{S}$）$\leq 0.5\Omega$，接地装置最大接触电压 U_{tmax}=2650V，最大跨步电压 U_{smax}=2124V。如用新材料、新工艺，经设计计算 $R_{cz} \leq 0.04\Omega$。接地装置的电压：220kV 电压等级，$U_g < 2000V$；110kV 和 35kV 电压等级，$U_g < 1000V$。最大接触电压 U_{tmax}=196V，最大跨步电压 U_{smax}=112V，允许最大接触电压 U_{tmax}=231V，允许最大跨步电压 U_{smax}=251V。这样保证发生接地短路故障时，故障点接触电压和跨步电压实际所得数据满足标准要求，不致于引起人身和设备事故。

4）在同一层面均匀土壤中，单组 BS-F 垂直超深度钢镀铜防腐蚀接地棒的接地电阻按式（5-2）计算。

5.3　BS–F 复合接地极、放热熔焊焊接技术

（1）BS-F 接地极棒（ϕ14.2mm、L=1.5m）。BS-F 接地极棒是从英国引进的先进的钢镀铜接地极棒材料（国外接地网工程大多数采用此材料），是在钢芯表面用多次高温电铸的方法镀上纯度为 99.9% 的电解铜，厚度达到 0.25mm，这样能确保其在地下 30 年不腐蚀，腐蚀率小于 1kg/Aa。如钢包铜接地极棒，虽然其费用是上述材料的 50%，但其性能差（表面容易脱落），防腐蚀能力将会大大降低。

（2）放热熔焊焊接（俗称火泥焊接）。在专用模具内点火爆破瞬间温度达到 2700℃高温，使焊粉溶解作用于铜绞线焊接接头。放热熔焊的基本材料见表 5-1。其焊接方法分为五种：

1）WX——铜绞线与铜绞线之间的"加"字接头。

2）WGT——铜绞线与铜绞线之间的"T"字接头。

3）WES——铜绞线与铜绞线之间的"减"字接头。

4）PY——铜绞线与铜排之间的熔接。

5）GET——铜绞线与接地极之间的熔接。

表 5-1　　　　　　　　　放 热 熔 焊 基 本 材 料

序号	分类号	材料名称	单价
1	S-20013（BS-F）	L3m 接地极	420.00 元/组
2	S-20025（BS-F）	L25m 接地极	3500.00 元/组
3	S-20017	FF200 熔焊粉末	85.00 元/盒

序号	分类号	材料名称	单价
4	S-20068	熔焊模具	869.00 元/组
5	S-20069	熔焊夹子	650.00 元/把
6	—	铜绞线（横截面积为 150mm^2）	30.00 元/m

注　1. L3m 接地极—强防腐蚀垂直钢镀铜接地极棒由 1.5m×2（根）相接。

2. L25m 接地极—强防腐蚀垂直超深度钢镀铜接地极棒由 1.5m×17（根）首尾相接。

3. BS-F 接地极棒材料（含辅助材料）安装费是在材料基础上加 15%。

4. 熔焊材料安装费是在熔焊粉末、熔焊模具、熔焊夹子材料基础上加 3%。

（3）全站户外接地极网装置布置分为 X 轴、Y 轴。

X 轴—东西向横轴 16 根，敷设横截面积 150mm^2 铜绞线与接地极棒连接。

Y 轴—南北向纵轴 17 根，敷设横截面积 150mm^2 铜绞线与接地极棒连接。

X 轴与 Y 轴相交处，用铜绞线接头放热熔焊焊接。

（4）工程分室内和室外接地网安装。户外接地极网采用水平接地环网和垂直接地极棒组成，且按不等边矩形网设计以降低接地环网的电阻值。构架设避雷针、独立避雷针及避雷器四周埋设垂直接地极棒。其中水平接地体采用横截面积 150mm^2 铜绞线，垂直接地极棒采用 ϕ14.2mm、L=1.5m 钢镀铜接地极棒。户外构架及设备引线和电缆沟通长扁钢采用 50mm×10mm 镀锌扁钢，户外电容器组接地引线采用 60mm×6mm 镀锌扁钢。

（5）工程预算所耗材料。BS-F 接地棒长度为 25m 接地极安装 24 根，长度为 3m 安装 20 组计 60 根呈全等三角形排列。其中有 3 组独立避雷针接地极组与全站户外接地极网装置不连接。各类建筑物接地极引上线共 26 根，户外设备接地引下线全部引出，各类铜绞线放热熔焊焊接共计 820 只，横截面积为 150mm^2 铜绞线 6600m，还有各类铜排、扁铁、扁钢。

5.4　施工工艺

在项目施工时此新工艺的施工和验收尚无电力行业标准，故施工过程中必须做好每根接地极棒打入土壤后的电阻测量记录，接地极网引上线（铜排）与地网铜绞线连接采用火泥焊接工艺必须可靠焊接。L25m 接地极棒最后的接地电阻值要求控制在 0.6Ω 内，达不到此值，还须打深。

（1）安装技术要求及措施。

1）全站接地极网边缘距围墙中心线的设计要求约 1.0～1.3m（惠南站为 1m），施工时尽量与围墙靠近，以增大地网面积。接地极网边缘处的水平接地体敷设弯曲半径为 3m。构架避雷针和避雷器的垂直接地极必须与主接地网可靠连接。

2）水平接地体按设计标高顶面埋设深度为-0.8m，垂直接地极棒按设计高程离顶部-0.6m 要求施工。敷设时注意避免接地体与建筑物基础相碰。垂直接地极棒安装时，每打入 1.5m 测量一次电阻值，两根接地极棒之间应旋紧以保证全接触，长度为 3m 接地极棒 3 根为一组时，间距应大于 3m，并且互相连接。为保证火泥焊接工艺质量，必须将需互相焊接的铜排、铜绞线接触面进行清洁处理，严禁小雨天气焊接。

3）户外构架、设备等引下线（镀锌扁钢）及接地极网引上线（铜排）采用螺栓连接，连接部分涂电力脂，涂前必须保持清洁，其接头应露出地面500mm。引下线与主接地网通过土建预埋的接地螺母固定，构架在插入杯口二次灌浆前，接地体应从底部钢圈引出。

4）穿越电缆沟的水平接地体，沿沟的内壁敷设于底部并与沟内的固定电缆架的扁钢焊接。为防止感应电压，全站主电缆沟两侧的上层支架敷设一根120mm^{2}铜绞线，且每隔 15m 接地一次，每隔 45m 两侧连通一次，电缆沟内通长镀锌扁钢每隔 30m 接地一次。

5）为方便投运后检测，各增加一根引上线至控制室、就地继电器室旁小天井内，站内在主变压器旁和 220kV 配电装置处各设一只接地极网检查井。接地电阻的测量必须分段进行，合格后才允许连接，再测量总的接地电阻，不合格应查明原因处理。全站场地平整后及接地网全部施工完毕后进行一次接地电阻实测。

（2）下线布置。根据国家电网公司"防止电力生产重大事故的二十五项重点要求"中 17.7 的要求及辅导材料的说明，变压器中性点应有两根与主接地网不同地点连接的接地引下线，重要设备及构架等宜有两根与主接地网不同地点连接的接地引下线，且每根接地引下线均应符合热稳定的要求，连接引线应定期进行检查测量。

为此首先加大容易发生故障设备（如变压器、断路器、电流互感器、电压互感器等）的接地引下线的截面和条数，并做到主变压器、220kV 断路器、电流互感器、电压互感器、单相避雷器一相两根接地引下线，隔离开关一相两根接地引下线，主变中性点接地隔离开关两根接地引下线，220kVA 型进线门架、母线门架、3 台主变压器、接地变跨龙门架中每根支柱安装一根接地引下线，其他设备安装一根接地引下线。构架避雷针接地极相间 3m，一点与主接地网连接，独立避雷针与道路或建筑物出入口等的距离应大于 3m，当小于 3m 时应采取均压措施或敷设沥青地面。

考虑到设备接地引下线敷设笔直美观，有些地方原铜绞线改铜排，该铜排地下与水平接地体火泥焊接，上面与镀锌扁钢用螺栓连接。

（3）进户铜绞线敷设。用横截面积为 150mm^2 铜绞线作为进户线有：控制楼进户线 4 根，从房屋基础底部穿越水泥基础进户；35kV 配电装置 8 根，110kV 配电装置 4 根；消防泵房 2 根；就地继电器室 4 根；0m 以上地坪通过铜排与镀锌扁铁对接，经镀锌保护管进户。雨水泵房进户线 2 根 60mm×5mm 铜排底部穿越水泥基础进户到雨水泵房顶部。

（4）材料消耗说明。根据施工交底会议要求及设计材料表说明，材料数量与实际不符合时应以实际消耗为准。因全站户外接地装置布置图对设备及支柱接地在材料明细表无说明，故本工程新增设备及支柱接地安装工程新增材料主要有以下几个方面：

1）主变压器 35kV 侧户外母线柱接地，两台主变压器 35kV 侧设备支柱、17 只设备基础接地引下线引向接地网主干线与其熔接。

2）二次电缆沟（道路旁）端子箱 18 只，端子箱接地铜排，引向接地网主干线上。

3）户外电容器护网从接地网主干线引出 6 根接地线。

5.5　工程案例小结

（1）总接地网接地电阻试验（试验仪表：ZC-8 ，ER-09-03）。接地电阻试验结果见表 5-2。

表5-2　　　　　　　　　　接地网电阻试验结果

序号	测量设备位置	测量电阻（Ω）	序号	测量设备位置	测量电阻（Ω）
1	1 号主变压器	0.036	8	1 号站用变压器，2 号站用变压器	0.037
2	2 号主变压器	0.036	9	35 kV 断路器室	0.037
3	220kV Ⅰ 段母线电压互感器，避雷器	0.035	10	35 kV 控制室	0.036
4	220kV Ⅱ 段母线电压互感器，避雷器	0.036	11	就地继电器室	0.037
5	220kV1 号主变断路器，流变，避雷器	0.036	12	1 号接地变压器消弧线圈	0.036
6	220kV2 号主变断路器，流变，避雷器	0.037	13	2 号接地变压器消弧线圈	0.036
7	110 kV GIS 断路器室	0.036	14	密集型电容器场	0.037

续表

序号	测量设备位置	测量电阻（Ω）	序号	测量设备位置	测量电阻（Ω）
15	站内龙门架	0.037	—	—	—

注　1. 独立避雷针接地电阻测量（不与主接地网接通）：1 号东侧为 0.034Ω，2 号南侧为 0.033Ω，3 号西侧为 0.033Ω。

2. 测试日期：2003 年 5 月 28 日；气候：阴；温度：21℃。

3. 总接地网接地电阻为 0.036Ω，达到小于 0.04Ω 的设计要求，合格。

4. 对 24 根长度为 25m 的接地极棒进行单相接地电阻测量，其接地电阻值在 0.27～0.41Ω 之间，符合小于 0.6Ω 的设计要求。

（2）单极复合接地极施工实际变化见表 5-3。

表 5-3　　　　　　　　　单极复合接地极施工实际变化 $[\Omega = F（m）]$

深度（m） \ 轴向	横向 12 轴 纵向 11 轴 X12y11	横向 12 轴 纵向 13 轴 X12y13	横向 10 轴 纵向 10 轴 X10y10	横向 8 轴 纵向 8 轴 X8y8	横向 6 轴 纵向 6 轴 X6y6	横向 4 轴 纵向 4 轴 X4y4	6 根均值	24 根均值
1.5	16.63	10.5	13.51	13.2	11.2	10.8	12.64	11.38
3.0	12.95	9.7	6.2	6.5	9.9	9.2	9.08	8.28
4.5	7.8	7.9	3.63	6.4	8.5	8.7	7.15	6.76
6.0	5.9	6.2	3.0	6.3	7.9	8.0	6.21	5.88
7.5	2.7	4.1	1.4	5.3	5.9	7.2	4.43	4.87
9.0	1.7	3.9	1.38	4.9	5.1	6.4	2.83	4.28
10.5	0.8	2.1	0.92	4.7	4.8	5.1	3.07	3.59
12.0	0.88	1.2	0.67	4.4	3.9	4.2	2.54	2.96
13.5	0.54	1.8	0.65	3.2	2.1	3.1	1.89	2.37
15.0	0.44	0.91	0.63	2.7	1.6	2.3	1.43	1.76
16.5	0.39	0.72	0.69	1.3	0.92	1.6	0.94	1.37
18.0	0.35	0.58	0.68	0.98	0.72	0.97	0.71	1.12
19.5	0.31	0.51	0.65	0.76	0.62	0.77	0.60	0.87
21.0	0.30	0.43	0.71	0.61	0.43	0.52	0.50	0.67
22.5	032	0.35	0.51	0.49	0.39	0.48	0.42	0.52
24.0	0.32	0.31	0.5	0.42	0.39	0.41	0.39	0.43
25.5	0.35	0.34	0.3	0.27	0.31	0.35	0.32	0.34
27.0	—	—	0.32	—	—	—	—	—

深度（m）轴向	横向12轴纵向11轴	横向12轴纵向13轴	横向10轴纵向10轴	横向8轴纵向8轴	横向6轴纵向6轴	横向4轴纵向4轴	6根均值	24根均值
	X12y11	X12y13	X10y10	X8y8	X6y6	X4y4		
测试日期	2003 0503	2003 0612	2003 0821	2003 0822	2003 0903	2003 0908	—	2003 0922

注　1. 本工程有 23 个检测点，为方便起见本章取 6 个点表示。

　　2. 由表可以看出当接地棒打到 22～25m 的时候，接地电阻变化不大，这为设计提供了重要的依据，由此来决定材料的配置。

（3）到目前为止 BS—F 复合接地极、放热熔焊焊接是降低接地网接地电阻值的最有效的方法，尽管使用新材料费用会增加比较大（但可以设法大幅度降低），考虑到隐蔽工程质量的百年大计，建议在以后新建站和老站改造中积极推广采用。

1）工程预算与实际施工材料差距相当大，熔焊接头增加率达 389.3%，铜绞线增加率达 56.06%。工程费用太大，同规模 220kV 变电站如采用扁钢、扁铁接地网费用为 30 万～40 万元，而本工程因采用新材料，新工艺费用高达 204 万元，增加倍率达到 5.8～4.1 倍（其中每只熔焊接头按 100 元计增加人民币 31.92 万元，铜绞线 30.00 元/m 增加人民币 11.10 万元）。

2）如果用扁铜代替大部分铜绞线工程费用可以大幅度下降。并且由热焊接或螺栓连接部分代替火泥焊接，工艺简单，减少铜绞线穿越水泥基础处绞线渗水可能，克服铜绞线火泥焊接绞线中心很难做到 100%全接触。但铜绞线较铜排可以任意长度施工优势还是很明显的。建议以后工程铜绞线与铜排相结合为宜。

3）BS-F 复合接地极适应于土壤电阻率比较大并且难于开挖的山区，火泥焊接因施工无明火很适应于旧站改造。

4）由表 5-3 可见接地网接地电阻与接地极棒打入的深度关系，当接地极棒打到 20m 以下时经常出现电阻值反弹现象，从中可以找出计算接地极棒最佳打入深度和根数（上海地区最佳深度可能在 25～28m）。

第**6**章

"三维立体接地新方法"应用

针对我国建造在山区岩石地带及高土壤电阻率地区各电压等级的变电站地网工频接地电阻达不到设计规范要求引发事故的实例时有发生,本章向读者介绍一种新型的综合性的"三维立体接地新方法",并分析了 500、220、110kV变电站在我国南北部分地区的应用实例。

6.1 "三维立体接地新方法"提出及应用

近年来,随着电力供需矛盾的不断突出,新建发电厂和变电站超常规的发展,引起各大电网容量的大幅度增加,系统短路故障电流越来越大,许多地区连续发生因为变电站地网接地电阻不能满足要求引发的设备损坏事故,同时由于新建变电站规划中控制用地使占地面积的大幅度缩小而大量使用 GIS 设备,但仍按照传统的地网建造方法,使地网接地电阻难以满足快速释放短路电流的要求。

由于变电站建设用地属于三级工业用地,一部分变电站建设在繁华的大城市城区内,一部分建设在山区的半山坡上。一方面占地面积狭小,传统的接地材料、接地布置方式(水平大开挖)不能铺展开,另一方面变电站所处地域是高土壤电阻率(p)的岩石地带,传统的接地方式不能满足设计要求。如何在狭小的高土壤电阻率和山区岩石地带的变电站区域内使地网接地电阻达到 DL/T 621—1997《交流电气装置的接地》中第 5.1.1 条要求 $R \leqslant 2000/I$(I 是交流经接地装置的最大入地短路电流)是一门新课题。

2002 年起"A"公司在上海地区新建变电站中设计按照上海电网若干技术原则规定的 500/220/110kV 短路电流分别取 63/50/25kA,p 取 30~50Ωm 时,则 220/110kA 变电站地网的接地电阻标准值分别为 $R_{gp} \leqslant 0.04\Omega$ 和 $R_{gp} \leqslant 0.08\Omega$ 的规定进行施工。

(1)使用"三维立体接地新方法"对上海地区的新建 20 多座 220kV 变电站和 5 座 500kV 变电站进行了优化设计和精心施工,地网降阻效果十分明显。220kV 变电站地网 $R_{gp} \leqslant 0.04\Omega$,发生接地故障时接地装置的标准电位 U_g=2kV。实际施工后,竣工实测地网 R_{gw} 为 $0.022\Omega \leqslant R_{gp} \leqslant 0.038\Omega$,完全符合设计规范要求。

注意：110kV 洋山深水港降压站（全站接地网面积 S 不足 10000mm^2）p 平均为 300～1000Ωm 为满足总 R_{gp}≤0.1Ω 故采用深接地和电离子接地极外。

由于洋山深水港降压站站址为抛石吹沙而成，根据岩土工程勘测报告，站址地区地基的构成由浅入深主要为填沙、粉细沙、中粗沙、岩石，中间间杂少量的黏土。一般情况下，该地基土的土壤电阻率取 300～1000Ωm，大大高于上海地区一般的 p 为（30Ωm）。为了尽可能地降低本站的接地电阻，满足总 R_{gp}≤0.1Ω，所以本站的接地网拟采用优化的接地系统设计，采用新型的复合接地网，深度和电解离子接地极。同时需要实测本站站址区域内的土壤电阻率。要求在站址区域平均选择若干个点，由浅入深测量土壤电阻率。根据实际测量的数据合理地选择接地系统的具体方案。

（2）"三维立体接地新方法"主要施工方法（以 220kV 变电站为例）。

1）使用 BS-F 垂直超深度钢镀铜接地棒，棒打深 25.5～30m，p 为 30～50Ωm。

2）水平接地网边缘闭合面积为 5200～29600m^2 之间。

3）发生接地故障时接地网的电位值为 2kV。

4）使用"三维立体接地新方法"直接材料费用为 20 万～35 万元间。

2003 年起，上海"A"公司在广东肇庆 500kV 换流站和广西河池、贺州、梧州 500kV 变电站应用"三维立体接地新方法"新建和改造运行中的变电站地网，采用的接地电阻见表 6-1。

表 6-1 新建和改建的 500kV 变电站地网接地电阻

变电站名	原地网接地电阻（Ω）	现地网接地电阻（Ω）
500kV 肇庆变电站	0.48	0.26
500kV 河池变电站	0.43	0.29
500kV 贺州变电站	0.57	0.33
500kV 梧州变电站	0.58	0.30

注 上述四个变电站地处高土壤电阻率的山区岩石地域。

6.2 "三维立体接地新方法"新材料分析

利用原有水平接地网的空隙将 BS-F 垂直超深度钢镀铜防腐蚀接地棒连接后，敷设在变电站原来水平接地网边缘，并焊接成一体。在广东肇庆 500kV 换流站和广西河池、贺州、梧州 50kV 的 4 座变电站，平均每个站敷设 ϕ=5/8" 和 L=1.5m 的接地棒 2000 根左右。

1. BS-F 型垂直超深度钢镀铜防腐蚀接地棒特性

BS-F 材料是三维立体接地网降阻和快速向大地深处泄流的主要材料,接地棒的材料质量是保证变电站地网 30 年无需维护的关键所在,其使用的特种钢棒(具有高达 600N/mm^2)以 800℃ 的高温用电铸方法、热胀冷缩的原理使 99.9% 电解铜分子深入到钢棒深层处,铜层厚度在 0.25mm 以上,将棒弯曲 180℃,中间不会有裂缝和剥落,而且具有很强的耐腐蚀能力(腐蚀率小于 1kg/Aa),30 年内在地下不会腐蚀。它的镀铜厚度是其质量的核心。铜层太薄在钢棒上粘合度不牢固,打入地下的过程中碰到硬物,铜镀层就会裂开和脱落,脱落铜层的钢棒是很快被腐蚀的。

"A"公司使用的 BS-F 材料是符合该产品特征的,该产品通过美国 UL 认证,并经我国权威电气研究所检测,产品符合相关国家规定和标准。

在变电站所处地域中,遇到地下是岩石、硬质土壤时敷设 BS-D 离子接地极,并与原有地网水平接地网主干线连接。220kV 某变电站上海"A"公司使用了 56 套 BS-D 材料。

2. BS-D 电解离子接地系统理论与实践

BS-D 离子接地极,占地面极少,接地效果超过其他接地系统的 6~8 倍,适用于有较高接地要求的场合,因为传统的接地系统如金属棒、金属带、板状导体或深井接地等,仅单纯地将故障电流依靠通过这些金属导体而流入大地,但不能对故障电流如何更快扩散于土壤中产生任何帮助。

因此,在恶劣的土壤条件下,纯金属导体接地效果并不理想。经过反复实践证明,土壤电阻过高是因为缺乏自由离子辅助作用所致。

为解决上述困难,BS-D 采用了最新的制造铸造工艺,0.25cm 高纯度精铜棒体与同一材质的连接头,内部含有特制的环保型无毒化合物晶体,能够不断地主动吸收周围环境空气中存在水分子并与之相结合,产生电解液并缓慢释放出活性电解离子,这些电解液从接地极的根部出液孔溢出并向四周扩散,而形成"根状网络",接地面积会随着时间增加而不断扩大,无论天气或环境如何变化,都能达到最佳的导电状态,同时也降低了土壤的电阻。而且由于不需重复施工添加降阻剂及定期维护,从而提高了产品的使用寿命,降低了施工的成本。

在 BS-D 的施工方案设计中,首先要知道土壤的接地电阻率,场地面积大小,安装间距及要达到的电阻值再确定 BS-D 的使用量。

6.3 工程案例小结

1. 新、旧地网并联

变电站现有地网在运行时检测工频接地电阻大于原标准 $R \leqslant 0.5\Omega$ 的要求很

多。而应用"三维立体接地新方法"和使用其材料大多数是在原有电网上增加敷设 BS-F、BS-D 材料，而有些变电站地域条件容许增建新的地网，因为有些地网已经部分腐蚀（外延和扩网），新旧地网并联相当于增加地网面积。但是新的地网在敷设时必须紧靠在原来有地网的主接地干线边并牢固焊接。

2. 选择较低土壤电阻率层面施工

由于地底下的土壤成分不尽相同，土壤电阻率会有很大的差异，在 220kV "某"变电站周围勘察土壤电阻率时，发现该变电站正门有一片土壤，地表土壤接地电阻为 3200Ωm，深入地下 2m 处为 260Ωm，深入地下 4～9m 处为 130～70Ωm。查阅历史地质资料，得知历史上该地段曾有一条古代遗留的河道，近代被人为填盖了，"A"公司就在深入大地 4～9m 处敷设 BS-F、BS-D 材料，效果良好，致使该变电站新、旧地网并联后工频接地电阻为 0.38Ω。

3. "三维立体接地新技术"的理论应用

在原有地网每根水平接地体（一般是镀锌扁钢、铜绞线）上，将若干组经过实地勘察，并经过计算决定 BS-F 接地极的长度（入地深度）位置（两组接地极间隔距离）、数量（p 的大小 Ωm）并与水平接地网连接起来。遇到岩石、硬土状况时，采用钻孔方法敷设 BS-D 接地极，并与 BS-F 及水平接地体连接。

这样在地下的深层，形成半球散流接地网（三维立体接地）。其核心是通过 BS-F 垂直超深度钢镀铜防腐蚀接地棒和扩散离子电解 BS-D 接地极来降低整个地网的接地的电阻率，而且由于材料的物理性能 30 年内无需维护，节约了大量的维护费用，更重要的是消除了变电站地网接地电阻降不下来的隐患。这一技术在欧美科技发达国家、地区已广泛应用。

在同一层面均匀土壤中，单组 BS-F 垂直超深度钢镀铜防腐蚀接地棒的接地电阻计算公式见式（5-2）。由此可知，接地电阻值随着 BS-F 棒的长度的增加和土壤电阻率的减小而减小。在实际施工时，BS-F 棒能深入地下越长越好（确定稳定区域，避开反弹点），它受地下水和矿物质因素的影响，接触到土层中低土壤电阻率的地方，使整组 BS-F 接地极的接地电阻大幅度降低，多组较低电阻率的 BS-F 接地极的并联造就了整个地网的接地电阻的降低。BS-D 电离子接地电阻的计算在式（5-2）的基础上加上产品特征计算公式即可。

4. BS-F、BS-D 材料的并用

BS-F、BS-D 材料与水平接地体连接后能将入地电流瞬间向土壤深处释放，因而能有效地降低接地网的电阻，其降阻的作用不是仅仅多组 BS-F、BS-D 材料的简单并联，它与 BS-F 材料深入地下深度、接触土壤层位置布点的距离和 BS-D 敷设的方向、位置、数量有着客观的规律性。若施工不当，由于 BS-D 的降阻作用被原有的水平接地网和接地极相互屏蔽抵消掉。要根据变电站各层地质土壤电阻率及原有地网边缘处尽可能均匀分布。

要依据 BS-F、BS-D 材料的特性尽量避免相互屏蔽的可能，BS-F、BS-D接地极敷设太密集，浪费材料、增加费用；太疏又达不到设计的电阻值。根据现场状况合理的敷设 BS-F、BS-D 材料，使"三维立体接地新技术"科学、经济地应用于各变电站。

由于各地土壤结构不尽相同，原有地网状况各异，要针对具体个案设计、施工，将"三维立体接地新技术"的核心科学，简便、经济地应用于变电站地网降阻工程。

第7章

供用电系统安全技术

7.1 接地故障概念和形式

供用电系统的接地可以保证电气装置中发生带电部分与外露导电部分（或保护导体）之间故障时，所配置保护电器能自动切断发生故障部分供用电，并不出现以下两种情况：

（1）一个超过交流 100V（有效值）的预期接触电压会持续存在到足以对人体产生危险的生理效应（人体一旦触及它时）。

（2）在与系统接地形式有关的某些情况下不论接触电压大小，切断时间不应超过 5s。

电气装置中所有外露可导电部分都应通过保护导体（PE）或保护中性导体（PEN）与接地极相连接以保证故障回路的形成。凡可能被人体同时触及的外露可导电部分应连接到同一接地系统，系统中的接地应尽量实施等电位联结，并能满足以下要求：

1）PEN 线和 N 线必须采用绝缘措施；

2）N 线不准重复接地；

3）变压器中性点不宜直接接地，电源中性点接地点宜设置在低压柜内。

注：PE 线，英文全称 protecting earthing，中文名简称为"保护导体"，也就是通常所说的［地线］。我国规定 PE 线为绿-黄双色线。PE 线是专门用于将电气装置外露导电部分接地的导体，至于是直接连接至与电源点工作接地无关的接地极上（TT）还是通过电源中性点接地（TN）并不重要，两者都叫PE 线。

低压供用电系统接地形式分 TN、TT、IT 三种。每一种接地系统均有各自的接地形式及安全技术要求。

1. TN 系统

电源端（变压器中性点）有一点采用直接接地，供用电设备的外露可导电部分（外壳）通过 PE 或 N 连接到此接地点。根据 PE 和 N 的组合情况，TN 系统又分为以下三种形式。

（1）TN-S 系统。TN-S 系统如图 7-1 所示，整个系统的中性（N）线与 PE 线是分开的，具有三条相线（L1、L2、L3 或 A、B、C），一条 N（工作）线和一条 PE 线组成三相五线制系统。设备外壳接在 PE 线上，正常情况下，PE 线上没有电流流过，所以外壳不带电。

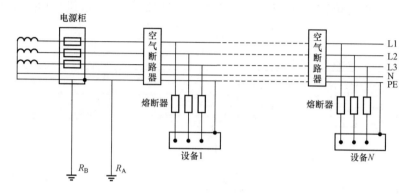

图 7-1　TN-S 系统

R_A 为 PE 线接地电阻，R_B 为中性点接地电阻（变压器中性点接地）。它们可能在同一地网或在不同地点分开的地网，如果分开地网相距不远，宜将分开的地网互连。

（2）TN-C 系统。TN-C 系统如图 7-2 所示，整个系统的 N 线与 PE 线为合一，是具有三条相线和一条 PEN 线组成的三相四线制系统，适用于三相负荷比较平衡，且单相负荷容量较小的场所。N 线兼作 PE 线，PEN 线重复接地。该系统一般用在供用电由区域变电站引来的建筑物。

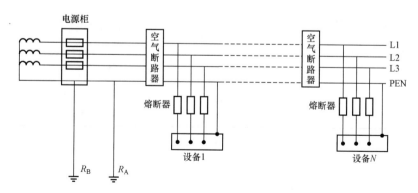

图 7-2　TN-C 系统

在这种系统中由于电气设备的外壳接到 PEN 线上，当一相绝缘损坏与外壳相连短路时，则由该相线、设备外壳、PEN 线形成闭合回路。这时电流比较大，从而引起保护元件（空气断路器）动作，使故障设备脱离电源线。

（3）TN-C-S 系统。TN-C-S 系统如图 7-3 所示，整个系统中 PE 和 N 线部分为合一，部分是分开设置的，具有三条相线。该系统一般用在供用电由区域变电站来的建筑物。进户前用 TN-C 系统，进户处重复接地，进户后变成 TN-S 系统。

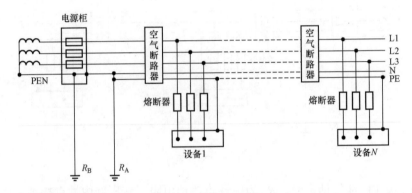

图 7-3　TN-C-S 系统

2. TT 系统

TT 系统如图 7-4 所示。TT 系统的电源端（变压器中性点）有一点采用直接接地，供用电设备的外露可导电部分（外壳）直接接地，此接地点在电气上独立于电源端的接地点。该系统为三相四线接地系统。TT 系统是 N 线与 PE 线无一点电气连接，即 N 线与 PE 线是分开的，电气设备外壳直接接地。

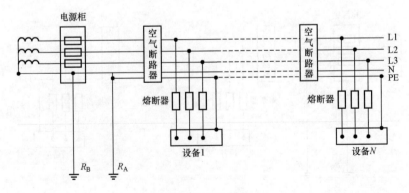

图 7-4　TT 系统

在这种系统中，如发生设备绝缘损坏，则设备外壳上的电压 $U=IR_A$，如果

R_A 是小的接地电阻值，就能保证 U 在安全电压范围内。要使 U 在安全电压（$U=50V$）下，则 $[220/(R_B+R_A)]\times R_A\leqslant 50V$，$R_B/R_A\geqslant(220-50)/50=3.4\Omega$，式中的 R_B 为变压器中性点接地电阻；R_A 为电气设备外壳直接接地电阻。设 $R_B=4\Omega$（通常规定 $R_B\leqslant 4\Omega$），则 $R_A\leqslant 1.18\Omega$，要实现这样小的接地体电阻值，地网工程是比较昂贵的。同时，当发生一相接地故障时，变压器低压侧中性点的对地电压为 $U_B=(220-50)V=170V$。

在 TT 系统中，如果有人接触到 N 线，显然是不安全的。因此在中性点直接接地的 1000V 以下供用电系统中，一般很少采用这种系统。如需采用，变压器中性点接地与之相连的导体均必须采取安全保护措施。

3. IT 系统

IT 系统如图 7-5 所示。采用直接接地保护的系统称为 IT 系统。在该系统中，中性点不接地或经高阻抗接地（消弧线圈或大电阻），供用电设备正常情况下不带电的金属部分（外壳）与接地体之间作良好的金属连接。IT 系统是三相三线制，无 N 线，PE 线各自独立接地，只有线电压供三相设备（无相电压）供单相设备使用。

IT 系统的优点是当一相接地时，不会使外壳带有较大的故障电流，系统可以照常运行。IT 系统用于安全条件要求较高，必须安装有能快速、可靠地自动切除接地故障的保护装置。这种供用电系统主要用于地下矿井及个别农村电力。电气设备的接地电阻 R_A，当绝缘损坏，设备外壳带电时，接地电流将同时沿接地装置和人体两条通道流过，为了限制流过人体的电流，使其在安全电流以下，必须使 $R_A\ll R_0$（人体电阻）。但当供电距离比较长时，线路对地的分布电容较大，人体触及带电的设备外壳时也有危险。安全电流一般可取值如下：对交流电流为 33mA（漏电断路器保护值取 30mA）；对直流电流为 50mA。

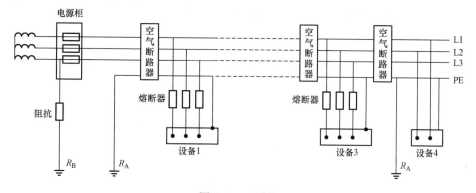

图 7-5　IT 系统

7.2　供用电系统接地保护

供用电系统中性点不接地或中性点接地系统中，所有设备应采用"共同接地"的联合接地方式，即采用总等电位（MEB）方式。这样就可以将两相同时发生接地短路变成相间短路，迅速使保护装置动作，切除故障。而在实际工程应用中存在着一些不合理的接线方式，有可能对人身和设备带来危害。

（1）TN-C 系统不合理的接线方式。在中性点直接接地 1000V 以下的供用电系统中，由同一台发电机、同一台变压器供电的负载线路可采用不同的接地制式，但必须注意：同一段母线或同一负载支路供电的负载线路，不应采取两种不同的接地方式，如图 7-6 所示，如果电气设备上某相发生碰壳接地时，凡与 PEN 线连接的设备外壳都可能带上危险的电压。

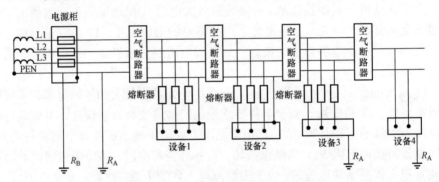

图 7-6　TN-C 系统不准出现的接线方式

（2）TN-C 系统不重复接地。如图 7-7 所示，PEN 线不重复接地又发生断裂，则当在断裂点后面的电气设备发生碰壳短路时，断裂点后段 PEN 线上的设备外壳均承受接近于相电压 $U \approx 220\text{V}$。而断裂点前的电气设备外壳上相电压 $U \approx 0$。

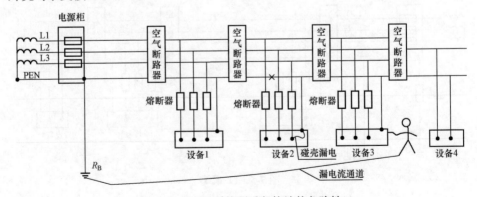

图 7-7　TN-C 系统不重复接地的危险性

（3）TN-C 系统重复接地。如图 7-8 所示，是 PEN 线重复接地又发生断裂的情况。当发生某相碰壳，则断裂点前后的电压分别为：$U_1=U/(R_B+R_A)R_B$ $U_2=U_3=U_4=U/(R_B+R_A)R_A$。其中 R_A 为重复接地电阻（10Ω）；R_B 为中性线接地电阻（4Ω）。如果 $R_B=R_A$ 则 $U_1=U_2=U_3=U_4=U/2=110V$ 一般来说，重复接地时的接地电阻 $R_A>R_B$（一般规定 $R_B\leq4Ω$，$R_A\leq10Ω$），所以 $U_2=U_3=U_4>U_1$，即大于 $U/2=110V$。

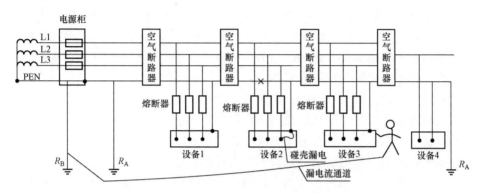

图 7-8　TN-C 系统发生断裂的危险性

在 TN 系统中应看到重复接地只能起到平衡电位的作用，因此，中性线的断裂必须避免，基建时必须精心施工，运行时注意维护。中性线断裂，根据单相负荷轻重的分配。有的相电压小于 220V，有的相电压处于 220～380V 的电压，容易造成设备损坏。

在电源中性点有工作接地的供用电系统中，有保护接地线也并不十分安全可靠。因为相线碰设备外壳时的电流 $I=220/(4+4)=27.5$（A）。

其中：中性点接地电阻为 4Ω；重复接地电阻 4Ω。所以当断路器分断电流容量大于 27.5A 时并不一定跳闸。供用电系统中性点直接接地，其保护的实质是把故障电流上升为短路电流，使断路器（空气断路器）跳闸（或熔丝熔断）故障设备脱离电源。接地电阻越小，短路电流越大，越容易使"空气断路器"跳闸，才是越安全。

在实际的工程中，还应注意以下几个要点：

（1）在 TN 系统中，TN-C 系统的 PEN 线应重复接地，TN-S 系统的 PE 线应重复接地多次（室内每 50m 重复接地一次）。TN-C-S 系统的 N 线重复接地一次后，不允许再接地，用 PE 线作重复接地，且 N 线与 PE 线不应混接，应用有色线区别，一般 PE 线采用双色黄绿色线。

（2）弱电设施宜采用 TN-S 系统。PEN 线入户前重复接地或与大楼基础主钢筋相连，三相四线制只适合用于三相负荷较平衡的场所。TN-C 系统存在一个难以消除的 50Hz 及其高次谐波干扰源，由于荧光灯、晶闸管等设备，在非故障情况下，会在 N 线上叠加高次谐波电流，使 N 线带电，且电流时大时小极不稳定，造成中性点电位不稳定漂移，使设备外壳带电（必须接 PEN 线保护），对人身安全不利。这个干扰源能量很大，因此在测试接地电阻时会产生指针摆动或数字表数字跳动。

由于 TN-C 系统是接 PEN 线并与电气设备外壳相连接，而且与所有金属管道相通，380、220V 系统的零序电流不但通过 PEN 线流动，而且也通过连接的金属管道和电气设备外壳流动，因为这些金属管道和设备外壳都与大地相通，故部分零序电流流入大地构成回路。

从理论上讲，如果 380V 三相负荷是绝对平衡的，此时零序电流为零，对电子仪器设备不会产生干扰。在实际线路中存在很多单相 220V 的交流负荷，必然存在零序电流，既然有零序电流，必然有零序电压。三相负荷越不平衡，零序电压也越大，对电子仪器设备干扰也就越大。

为了克服 TN-C 系统存在的上述问题，一般电子机房都采用 TN-S 系统，把 N 线在变压器处接地，N 线进入大楼不做重复接地，由一条 PE 线作保护接地，PE 线（无流零线）源头也在变压器处接地，进入大楼后 PE 线做重复接地，并将大楼地网与变压器地极（网）相连接共地。

TN-S 系统的基波和高次谐波的零序电流均由 N 线回流。PE 线在正常供用电过程中无电流通过，PE 连接的供用电设备外壳和金属管道亦无电流通过，地中也无分流，这样就从根本上消除了由于中性线重复接地或因仅接 PEN 线造成的对电气设备交流电干扰。

（3）发挥三线（N、PE、PEN）的作用。目前高（超）压电网各新建 500/220kV 变电站站用供用电系统（包括照明和动力）都采用 TN-C-S 系统。但是老的、不同电压等级的变电站站用电系统就可能不完全采用这种系统。

N 线、PE 线或 PEN 线，基建施工时必须保证良好的电气连续性，遇有铜-铝、铝-铝导体相连接时采用专用连接器或规范的接地，防止发生接触不良故障。保护导体必须要有足够的截面，严禁将水、煤气管道用作保护导体，不得在保护导体回路中装设电气装置和开关，电气装置的外露可导电部分不得用作保护导体的串联过渡接点，保证 N 线、PE 线或 PEN 线的完好性，使其在供用电系统安全运行中真正发挥作用。

（4）接触电压、跨步电压与接地。电气设备从接地外壳、接地体到 20m 以外零电位之间的电位差，称为接地时的对地电压（电位）。在接地回路里，人站在地面上触及到绝缘损坏的电气装置时，人体所承受的电压称为接触电压。

人的双脚站在不同的电位的地面上时，两脚间（一般跨距为 0.8m）所呈现的电压称为跨步电压。根据接地装置周围大地表面形成的电位分布，距离接地体越近，跨步电压越大。当距接地体 20m 以外时跨步电压为零。

7.3 低压配电网供用电系统接地故障分析

低压配电网供用电系统的接地故障主要分为故障接地和人为接地两类。产生接地故障的客观原因和人为主观因素（主要是中性点接地）原因很多，但主要是漏电保护器大量失效。

1. 低压配电网故障接地

故障接地，是指自然形成的，非故意的配电网接地故障。具有必然性和多发性的特点：

（1）发生故障接地的主要原因。

1）低压配电网线路长、分布广，供用电设备的带电体都是通过绝缘物件固定在大地上，且相对规范性差，变动性、移动性、随意性大，大地和带电体两者相近相随，接地故障的机会很多。

2）许多低压配电网的产权、管理责任归用户，涉电非专业人员太多，因而管理薄弱，私拉乱撤，违规用电现象较多，会加剧接地故障的发生。

3）低压配电网运行年久，由于老化、磨损、污染等原造成的绝缘失效，也不可避免的形成接地故障。通过对独立配电变压器的城乡用户（村）配电网的调查（断开中性点接地线，测量配电网与地之间的绝缘），证实 75%以上的配电网有接地故障，多数有多处接地，有的因对地漏电烧残，甚至烧断导线。

4）现有法规、规范对新产生的门窗接地、路灯照明接地、屏蔽接地等没有或不明确，各类专家的说服很多，现场很难掌控。

5）对低压配电网供用电设备选用随意性较大，特别是对 PE 线概念不清。

（2）故障接地的一般规律。由于故障接地是非故意接地，因此是不可靠接地，有较大的接地电阻，不稳定，接地电流一般不会太大，小于或接近负载电流。接地介质大多是土壤、金属、木头、水泥、砖石等，这些物质直接与潮湿的泥土相连接，接地电阻受潮湿程度影响，同时也受接地电流所产生温度的影响而调节变化，其电流往往能稳定在某一水平上，具有接地电流容易发生、不是太大、很难发现、不知所措、长期存在的特点。

其循环规律是：接地电流增大→接地处加温变干→接地电阻变大，接地电流变小→接地处降温浸湿→接地电阻变小。

又由于过电流保护装置的整定值，比接地故障电流值大得多，所以对绝大多数接地故障往往不起作用。因此说故障接地具有隐蔽性。

2. 低压配电网的人为接地

人为接地，是指为了达到预期目的，故意将配电网供用电系统接地，主要指配电变压器低压侧中性点接地。

（1）中性点接地目的通常是：

1）为了将配电网相线对地电压衡定为相电压（称稳定配电网）。

2）为了增大故障电流，用过电流保护装置切除配电网供用电系统接地故障。

3）为了使用漏电保护器正确动作。

4）为了防止低压配电网中性点偏移。

5）为了相对地用电制式。

（2）电气特征。人为接地，必然是金属接地，接地电阻小、载流大，具有极大的破坏性。

1）为发生触电、漏电事故创造了条件。由于中性点接地，地就成为电源的一极，地与人、畜密切相关，一旦触电，会立即造成严重后果。配电网出现接地故障，接地电流大，容易引发漏电火灾事故。可见，配电网中性点接地本身就是严重的事故隐患。

2）人为接地掩盖故障接地。配电网中性点接地，相当于全电网（通过变压器线圈和配电网负载）都接地，即由于中性点接地，使本来已经具有隐蔽性的接地故障，更难判别、查找和排除，因此说，人为接地掩盖故障接地，形成接地故障积累，加速配电网劣化。

3）招引雷灾。配电网中性点接地，就是零地合一，当发生直击（空地）雷时，配电网相、地（即零）之间电压突升，把雷电压引入配电网相、中性线之间，损坏用电设备，尤其是电子设备。

4）人为接地，使漏电保护器难起应有作用。

3. 接地故障带来的问题

由很多人为接地和故障接地组成了一个巨大的"共地电系统"会带来"多电源共地"的后果，即存在大量同系统异线同时接地，这带来如下问题：

（1）造成巨大电能浪费。不管是人为接地还是故障接地，必然造成巨大的电能浪费。全国每年的接地损耗可达几百、甚至上千亿千瓦时。拆除低压配电网中性点的接地线，监控和及时排除接地故障，就可以避免大量的电能浪费。可见，解决低压电网的接地问题，是一个很值得关注的节电举措。

（2）带来安全问题。多年来，在预防触电漏电事故方面，尽管做了大量工作，但触电伤亡、漏电火灾等事故在低压配电网中仍居高不下已是不争事实。

（3）产生电污染。由于人为接地和故障接地，把共地的各电源联成闭合回路。各接地点间的连接阻抗的大小、性质很复杂。系统内各电源的频率、振幅、初相、波形也千差万别。总之，只要有电位差，就会有电流，首先会对大地造成电、磁、热污染。

同时，在一定条件下，还可能引起电源波形奇变，产生谐波干扰，造成配电网监控装置的误测、误判、误报、误动、甚至谐振事故。看来，很多难以解释的电污染现象，与配电网接地密切相关。

（4）增加配电网管理难度。由于大量的人为接地和故障接地并存于同一个"共地电"系统中，接地故障、配电变压器低压线圈、配电网负载等相并联，构成了闭合回路，使配电网故障现象复杂化，很难检测、判别、查找和排除，大大增加了配电网技术管理难度。在实践中，接地故障现象是非常怪异的，很难判别、查找的配电网故障，往往与接地有关。

"电源共地"现象不容忽视，而消除"电源共地"现象的主要办法是加强监控和排除配电网接地。

4. 漏电保护器失效分析

漏电保护器具有三个技术特征：①使用漏电保护器时，配电网中性点必须接地，以形成检测通道；②用电流互感器作为传感器，检测配电网接地信息；③配电网 N 线接地，漏电保护器不动作。

经实践调研发现，正是由于漏电保护器的这三个技术特征（主要是配电网中性点接地），使漏电保护器产生了严重的频动、拒动，最终导致大多数失效。

（1）频动。频动是指漏电保护器动作太频繁。频动包含该动、误动两个方面：

1）该动是指配电网出现了接地，漏电保护器应该动作。该动有两种情况：①人畜触电动作，占极少数，小于10%；②配电网出现接地故障动作，占大多数，大于90%。由于配电网中性点人为接地和故障接地的必然性、多发性、隐蔽性，使漏电保护器动作的机会很多。

2）误动。误动是指本来配电网没有接地，漏电保护器不该动而动作了。误动也有两种情况：①电磁干扰可以使检测互感器产生非漏电信号，造成电磁干扰误动，约为50%；②由于配电网中性点接地、配电网对地分布电容和电源断路器断口不同步等原因，在电源投切时，通过分布电容的入地电流，使检测电流相量（应为零）瞬间偏移约50%，造成误动。

可见，配电网中性点人为接地和故障接地的电气特征，决定了漏电保护器必然频动。由于配电网中性点接地，必然加剧电磁干扰和检测电流相量瞬间偏移误动。显然，配电网中性点接地是引起漏电保护器频动的根本原因。

（2）拒动。拒动是指配电网出现接地故障了，漏电保护器该动而不动。拒动有两种：

1）剩余电流分流拒动，即当漏电保护器以下的配电网中性线发生接地故障时，保护器不动作，接地故障很难被发现和排除，这时，如果相线再出现接地故障，接地电流会通过中性线的接地故障点就回零，减少检测互感器的剩余电流，造成分流拒动。

2）失效拒动，有两种情况：①人为失效，即由于漏电保护器的频动，严重影响正常用电，用户不耐烦，将漏电保护器解除运行或者损坏，由此造成的漏电保护器失效达 50%以上；②自然损坏失效，主要是由于配电网中性点接地，将雷电引入到配电网相线、中性线之间，击坏漏电保护器电路板，致使漏电保护器损坏。

3）拒动失效的分解如下：剩余电流分流拒动约为 30%保护器失效，人为损坏退出拒动约为 70%，运行约为 70%，自然损约为 30%。

4）拒动失效的原因：配电网中性点接地，掩盖中性线接地，导致漏电保护器剩余电流分流拒动，形成潜在危险；中性点接地，把雷电引入电网，造成漏电保护器损坏失效；中性点接地，引起频动，导致人为解除运行、损坏失效；这些都证明，中性点接地，是造成漏电保护器拒动、失效的根本原因。

多年来，为了安全用电，在工厂或其他等重要场合，由于漏电保护器频动，基本没有使用。在农村，由于严重影响正常用电、雷击和经常发生触漏电事故等原因，大多数漏电保护器被解除运行或损坏，名存实亡。

（3）漏电保护器在技术上存在的问题。

现实说明，对过于强调中性点接地的低压配电网，漏电保护器在技术上是有问题的：

1）使用漏电保护器的配电网中性点必须接地，而中性点接地，又必然造成漏电保护器频动、拒动、失效，这样就把漏电保护器陷入到一个自相矛盾，不能自拔的怪圈。

2）由于配电网中性点接地，即使安装上漏电保护器，也是先电人，后保护，可见，该技术在严密性、可靠性方面是有缺陷的，应用实践证实，其适用范围是有限的。

3）由于配电网中性线接地（很难避免），造成剩余电流分流拒动，使看来不"频动"的漏电保护器早已"失效"，潜伏了更大的危险。越在需要保护（如潮湿）的场所，漏电保护器的频动、拒动、失效会越严重，看来其实用价值也是有限的，应重新评估。

5. 配电网中性点接地与防雷的探讨

（1）配电网中性点接地。相线对地电压就一定是相电压，可以防止振荡，配电网稳定运行。所谓配电网稳定运行，应当是保证配电网的电压稳定，而不是配电网对地电压稳定。很明显，中性点接了地的配电网，无论是相电压、线电压还是配电网对地电压，都很容易因受低阻抗接地故障的影响或直击（空对地）雷的袭击而波动。而中性点不接地的配电网，不存在上述情况。当中性点不接地的配电网出现相线接地时，另外两相对地电压就升高为线电压，对安全不利。但是，如果能保持配电网不接地，配电网地电压则低于相电压，更有利于绝缘和安全。

1）标准规定的绝缘水平（低压配电网的线间、对地都是大于 2000V），完全能够满足线电压的需要。无疑，中性点不接地的配电网要稳定得多。

2）有观点认为配电网中性点接地，可以增大相线接地故障电流，保证过电流保护装置可靠工作，及时切断电源，保证安全。即使在中性点接地情况下，绝大多数接地故障电流仍然远小于过电流保护装置的整定值（几十安培以上）。而大于 30mA 的电流就使人触电，几安培的电流就可以造成火灾，所以，过电流保护装置对绝大多数接地故障不起作用。反而，由于配电网中性点接地，增大了故障电流，更不安全。

3）如果配电网中性点接地，同时使用漏电保护器，能解决低压配电网的接地保护和接地损耗问题，当然好，但理论分析和多年各种场合的使用实践证实，中性点接地使大多数漏电保护器失效，那么，为此的配电网中性点接地的意义也就不复存在了。

4）如果问起低压配电网中性点为什么要接地，不少业内人士随口就解释说：为了防止配电网中性点偏移，为了稳定电网。这似乎已成为常识。

然而，这其实是误解。要解决配电网中性点偏移问题，主要靠电网三相负载尽量相等，其次是配电网中性线电阻要尽量小。电网稳不稳定、中性点偏不偏移与配电网中性点接地或不接地没有直接关系。

还有观点认为，中性点接了地，可以防止因断中性线造成负载电压转移，损坏用电设备。这也是误解，事实上，它与中性点接地或不接地没有关系，只要断中性线，中性点接不接地都可能发生损坏用电设备事故。为了避免这种事故的发生，有些低压配电网将中性线多点接地或增加 PE 线，这实际上是把大地作为第二导线，使配电网减少失去中性线的机会，这种办法确实有效。但是，会因此使配电网无法进行接地监控和保护，况且标准中也没有中性线重复接地这种接地形式。

在过去配电网容量很小、线路细长的情况下，用中性线重复接地的办法来防止中性线断线的事故，是可以理解的。但在采用大容量、大线径、短距离线路输电，过电压、过电流保护装置齐全有效的配电网，发生中性线断线概率很低的今天，如果因中性点接地而失去接地监控和保护，会给配电网带来不安全，还带来电能损耗、难管理、电污染等问题。

（2）配电网中性点不接地。有关低压配电网可采用的接线形式有五种，其中有一种（IT）中性点不接地；1980 年当时电力部发布的《电力工业技术管理法规》第 496 条规定：配电变压器低压侧中性点可直接接地或不接地；配电网中性点不接地方式，在矿井、船舶、医院及部分普通用户使用多年，没有发现有碍配电网正常运行的问题，与中性点接地系统相比，其优点却相当明显。

1）低压配电网中性点不接地形式，接地故障信息较容易被准确检出，较方便进行接地监控配便于配电网好管理。适用于中性点不接地系统的网地绝缘监控器，可迅速判断、查找和排除配电网接地故障，保持配电网 N、A、B、C 都不接地。

2）当配电网偶然出现接地故障时，只是形成配电网事故隐患，尚未形成事故，还可以运行，可以在配电网运行情况下判断、查寻接地故障位置，减少停电时间。

偶然发生触、漏电，不会形成大电流，可以大幅度降低人身触电伤害程度和产生漏电火灾的可能性。可以大幅度减少配电网接地损耗，使配电网更节电。

3）各配电网间没有低阻抗连接，相互独立，互不干扰，净化配电网，可大幅度减轻配电网间的相互污染和配电网对大地的污染。

4）当配电网偶然出现接地故障或遭到直击（空对地）雷袭击时，配电网电压不会出现大的波动，供电更稳定。由于中性点不接地，绝缘件承受电压低，对防污闪，延长配电网寿命有好处。

低压配电网管理的焦点是人为、无序、无度接地。排除配电网接地，具有重大的安全、节电和环保意义。

对配电网进行不间断的接地监控，及时排除接地故障，使配电网"悬空"运行，独立自洁。只要保持不接地，能够保证配电网的经济、安全、稳定和洁净。

第二篇

规划与设计

第**8**章

城市电网规划、建设环境与公众健康

8.1 城市电网发展规划

城市电网规划的思路和原则：解环线段尽可能少，最大限度地发挥城市电网的投资效益；尽可能保持局部电网的 $N–1$ 结构，从而保障电网的安全性和可靠性，促进上下级电网间的协调发展。

以上海电网的发展为例，在城市电网的发展过程中，要考虑上级电网的近期和远景规划（1000kV 交流和 ±800kV 直流进上海电网），合理确定电磁环网的解环时机和解环点；而对于解环后的目标网架结构，要求尽可能保持小环网结构，尽量避免出现单回路供电的辐射结构。

城市电网在高一级电压等级网络尚未完全成熟的情况下，为了获取大的网络传输功率以合理利用廉价资源，满足用户对最大用电的要求等，不得不采用电磁环网运行。但是电磁环网运行时存在短路电流大、潮流分布复杂、稳定措施装置和保护装置复杂等问题。

电磁环网运行是电网发展过程中的过渡运行方式，随着网架结构逐步完善将逐渐减少。在电网规划时要认真研究电磁环网的解环问题，以修正城市电网的远景规划，避免不必要的投资浪费。

1. 电网的发展规划主要研究内容

（1）从电磁环网的产生机理入手，把大城市电网的发展分成三个不同的发展阶段，并分析各阶段相应城市电网的结构及其特点。

（2）充分考虑超高压电网远期规划方案的城市电网规划的基本思路，制定了城市电网不同发展阶段下电磁环网的解环思路和解环技术原则，包括解环时机、解环点以及解环后的最终目标网架。

（3）高一电压等级变电站接入低一级电压网络时尽量避免产生新电磁环网布线原则。

在考虑上一级电网远期规划的基础上，确定大城市电网目标网架的方法，为我国城市电网发展和规划结构和电磁环网问题提供了解决对策和参考依据。

目前，我国各城市电网的 220kV/110kV 电磁环网已经陆续解开。但是新的

500kV/220kV 电磁环网又在不断形成。虽然电磁环网最终将解开，然而由于电网发展的复杂和多样性，电磁环网的解环问题一定要与城市电网的发展阶段相结合，与上一级电网的远期规划相协调。

1）500kV 电网在城网区域内有单一落点。220kV 电网成简单环网结构。500kV 网架结构相对薄弱，城网区域内无电磁环网，但 220kV 电网可能与城网区域外的 500kV 电网形成电磁环网，基本不具备解环条件。

2）500kV 电网在城网区域内有多个落点，但未形成环网。220kV 电网成复杂环网结构。500kV 电网与 220kV 电网在城网区域内可能形成电磁环网，但解环时机未成熟。

3）500kV 电网在城网区域内成环。220kV 电网成复杂环网结构，应分片运行。500kV 网架结构坚强，220kV 电网完全具备解环条件，必须分片运行。

目前，我国除上海、北京、广州等少数特大城市外，大部分省会及重点城市仍处在城市电网发展的第 1 或第 2 阶段。

在 500kV 电网建设初期网架结构薄弱，为保证供电可靠性和安全性，采取将 500kV 线路与 220kV 线路交织在一起的电磁环网方式送电。随着 500kV 网架进一步发展，应适时加快完善高电压等级网络，为打开电磁环网创造条件。

2. 不同发展阶段城市电网的结构考虑超（特）高压电网远期规划的城市电网规划的基本思路

（1）适当考虑城市上级骨干电网的远景规划，根据城市上级骨干电网的远景规划结果划分城市电网发展的各个阶段。

（2）根据城市电网发展不同阶段，制定电磁环网的解环原则，确定不同阶段下级电网的结构，根据电磁环网解环后最终目标网架结构确定电磁环网解环点。

（3）根据城市电网不同发展阶段的解环结果，修正城市下级电网的规划方案，避免某些线路刚刚新建就要解开，造成不必要的投资浪费。

3. 电网解环时机与解环点的确定

（1）在城市电网发展不同阶段，电磁环网解环时机确定原则如下：

1）若 500kV 电网发生 $N-1$ 故障或 500kV 主通道断开将导致 220kV 电网大规模功率转移，则电磁环网必须解环。

2）若 220kV 电网过于密集导致 220kV 母线短路电流增加，超过设备的遮断容量，则电磁环网应解环，220kV 电网分片运行。

3）在 1）、2）都没有发生的情况下，仍暂时保留电磁环网运行。

4）在 1）没有发生，2）发生的情况下，建议在没有明显降低供电可靠和安全性的情况下通过解环降低短路电流。

（2）220kV 电网结构。

1）500kV 电网故障时，220kV 电网没有大的功率转移，220kV 母线短路电流均在合理范围内，电磁环网不解环，220kV 电网可维持环网运行。

2）500kV 电网故障时，220kV 电网没有大的功率转移，部分 220kV 母线短路电流不在合理范围。在没有明显降低供电可靠性和安全性的情况下，可通过解环降低短路电流；部分 220kV 电网维持环网运行。

3）500kV 电网故障时，220kV 电网产生大的功率转移，220kV 母线短路流不在合理范围，500/220kV 电磁环网应解环，220kV 电网分片运行。

（3）城市电网的目标网架结构为了保证供电可靠性和安全性，要根据城市电网解环后的最终目标网架结构来确定电磁环网的解环点。电磁环网解环后的最终目标网架应该是：

1）环后尽量避免出现放射型网络，即避免出现单电源单回路供电的情况。

2）解环后应尽量维持小环网结构（即双方向电源供电），若为单方向双回路供电，电源宜来自不同母线。

3）下级电网的最终结构宜为从同一 500kV 变电站引出的梅花瓣型的单（双）环网，正常情况下各环网（梅花瓣）可断开运行，以避免形成电磁环网。

（4）根据解环后期望得到的最终目标网架结构，城市电网电磁环网解环点的确定原则如下：

1）按最终目标网架确定的 220kV 分区电网是电力平衡的。

2）应保证解环后城市电网的供电可靠性和安全性无明显降低。

3）解环后城市电网 220kV 母线短路电流水平应满足导则要求。

4）解环线段的潮流应较轻，对整个系统潮流分布影响不大。

5）下级电网布线原则：城市下级电网所形成的网架结构应易于电磁环网解开。

可根据负荷的远景发展，确定上级电网的站点布局，并为其划分相应的最终供电区域。在过渡阶段，由于新的站点还未确定，供电区域将由原有站点供电，此时下级电网的布线应尽量在各个最终供电区域中进行。

对于需跨最终供电区域边界的下级电网线路，由于其将来可能成为潜在的电磁环网解环线段，所以对于这样的线路其布线应尽可能短，以使下级电网的布局能够发挥最大投资效益。

4. 城市电网布线原则

（1）500kV 电网薄弱，通常在城网区域内只有单一站点。220kV 站点之间互联仍需加强，220kV 电网以形成若干小环网为宜，同时要考虑 500kV 电网的远期规划，今后有可能作为解环线段线路长度应尽可能短，以降低今后解环成本。

（2）500kV 电网在城网区域内有若干互联站点，但未成环。结合 500kV 变电站的供电区域划分，既要增加 220kV 站点间互联，又要尽量避免出现新的电磁环网；对于 500kV 新站点接入后出现电磁环网，需分析解环时机，适时解环运行。

（3）500kV 电网在城网区域内已形成环网。以形成若干 220kV 小环网为宜，分层分片进行，并应严格避免出现新的电磁环网。

8.2　城市电网分期规划的目标

上海电网规划的期限规定近期为 5 年、中期为 10 年、远期为 20～30 年三个阶段，与上海市国民经济发展规划和城市总体规划相适应，并且每年应根据具体情况作滚动修正。

1. 分期规划的目标

（1）具备向各级用户充分供电能力，满足各类用电负荷增长需要。

（2）适应网内电源和市外来电发展的需要，并适当超前于主要电源建设，满足主要电源能可靠地向电网送电的要求。

（3）各级电压变电总容量与用电总负荷之间、输电、变电、配电设施容量之间、有功和无功容量之间比例协调、经济合理。

（4）电网结构应贯彻分层分区的原则，简化网络接线，做到调度灵活，便于事故处理，防止出现电网大面积停电事故的可能性。

（5）达到电力行业标准 DL 755—2001《电力系统安全稳定导则》对 220kV 及以上的电力系统的安全稳定性的各项要求，实施三级安全稳定标准。110kV 及以下的电力系统参照执行。

（6）电网的供电可靠性，应符合 Q/GDW 156—2006《城市电力网规划设计导则》中"电网供电安全准则"的规定。

（7）电能质量和电网损耗达到本规定及相关标准的要求，上海电网综合线损率达到小于 6.2% 的要求。

（8）建设资金和建设时间合理安排，取得应有的经济效益。

2. 近期规划目标

为适应上海城市总体发展规划目标的要求，扩大电力消费市场，加大上海电网的建设和改造的力度，增加供电能力，降低电网损耗，改进电能质量，提高供电可靠性，完善用户的需求侧管理，做到"受得进，落得下，送得出，用得上"，满足上海国民经济发展和居民生活水平不断提高的需要。近期规划应进行必要潮流计算和分析论证。

3. 中远期规划目标

将上海电网按照适应电力消费的需要，建设成为网架坚强、结构合理、适应性强、安全可靠、调度灵活、装备精良、管理科学、电能优质、技术经济指标先进、自动化程度高的与国际大城市相适应的现代化电网。

（1）上海电网采用500kV及以上输电线路与华东电网联网。

（2）上海地区主干网架应以500kV双环网为基础，积极建设500kV外半环220kV高压电网分区运行。根据负荷需要可采用220kV变电站甚至500kV终端站深入负荷中心的供电方式。

（3）变配电站设计应节约用地，合理选用小型化、环保型设备，充分利用空间，精心布置，力求减少占地面积和建筑面积。位于中心城区的变配电站宜与建筑物相结合并与周围环境相协调。

（4）架空和电缆线路的设计及杆塔选型应充分考虑减少线路走廊占地面积，优先采用大截面导线，适当采用多回路和紧凑型线路，并应做好和加强地下走廊和管线的规划。

随着上海社会经济的快速发展，负荷逐年增长，根据上海城市负荷20～30年的远期目标，构建一个相对合理的电网结构尤为重要。但由于远期负荷在上海的分布并不明确，很难构建明确的电网结构。因此上海电网结构规划应注意如何适应远期负荷的发展，如何与上一级电网远期规划相协调，如何避免解环运行带来的电磁环网问题。

4. 电网的分层分区

（1）上海电网的500kV超高压双环网是上海220kV电网分区运行的基础并作为沟通全市各分区电网的主干网架与华东电网等其他电网联系，接受市外来电。

（2）以500kV变电站和大型电厂为核心，将全市220kV电网划为九个分区运行，各分区电网之间相对独立，并应在必要时能互相支援，支援能力达800MW以上。

（3）电网内不应形成电磁环网。在电网发展过程中，若确需构成电磁环网运行，应作相应的潮流计算和稳定校核。

（4）在受端电网分层分区运行的条件下，为了控制短路电流和降低电网损耗，上海电网中新建大型发电厂，经技术经济论证后，优先考虑以220kV电压接入系统的可行性。单机容量为600MW及以上机组的大型发电厂，经论证有必要以500kV电压接入系统时，不应采用环入500kV超高压电网的方式。发电厂内不宜设500/220kV联络变压器，避免构成电磁环网。

（5）220kV分区电网的结构，原则上由500kV变电站和发电厂提供电源，经过 220kV 大截面架空线路，向 220kV 中心变电站送电，再从 220kV 中心站（发电厂）经 220kV 电缆或架空线路，向 220kV 中间变电站或终端变电站提供电源。如 220kV 中心站的电源进线受条件限制，只能采用电缆线路，必须经过论证。

（6）220kV 联络线上不应接入分支线或 T 接变压器。对于 220kV 终端线允许 T 接变压器，但不宜多级串供。对重要用户或中心城区应尽量避免 T 接变压器。

上海电网符合第（5）和（6）点要求的接线模式，如图 8-1 所示。上海城市配电网结构应达到第（6）点的目标要求，如图 8-2 所示。

1）加大中心城区 110kV 电网发展的力度，对于高负荷密度地区的高压配电网，宜以 110kV 电压供电。规划中新建的 220/110/35kV 变电站，110kV 配电装置应同步建成。现有 220kV 变电站已有 110kV 设备应充分加以利用，已预留 110kV 配电装置的应尽快安装 110kV 设备。中心城区以外的地区，如果远景负荷密度较大可适度发展 110kV 电网。

2）高压配电网中应避免重复降压。新建变电站不再选用 110/35/10kV 三卷变压器，而可选用 110/10kV（带平衡绕组）双卷变压器和 35/10kV 双卷变压器。

5. 电网安全准则

电网应严格按照计划检修情况下的"$N-1$"准则保证电网的安全性。正常方式和计划检修方式下，电网任一元件发生单一故障时，不应导致主系统非同步运行，不应发生频率崩溃和电压崩溃。任一电压等级的元件发生故障时，不应影响其上级电源的安全性。

（1）各电压等级对下一级电网和负荷供电应满足"$N-1$"准则。

1）对 35kV 及以上变电站的主变压器、进线回路应按"$N-1$"准则进行规划设计。

2）35kV 及以上变电站中失去任何一回进线或一台主变时，必须保证向下一级电网的供电。

3）10kV 配电网中任何一回架空线、电缆或一台配电变压器故障停运时：正常方式下发生故障时，除故障段外经操作应在规定时间内恢复供电，并不得发生电压过低和其他设备不允许的过负荷。计划检修方式下，又发生故障停运时，允许局部停电，但应在规定时间内恢复供电。

4）低压电网中当一台配电变压器或低压线路发生故障时，允许局部停电，但应在规定时间内恢复供电。

（2）满足用户供电的程度。电网故障造成用户停电时，对于申请提供备用电源的用户，允许停电的容量和恢复供电的目标时间如下：

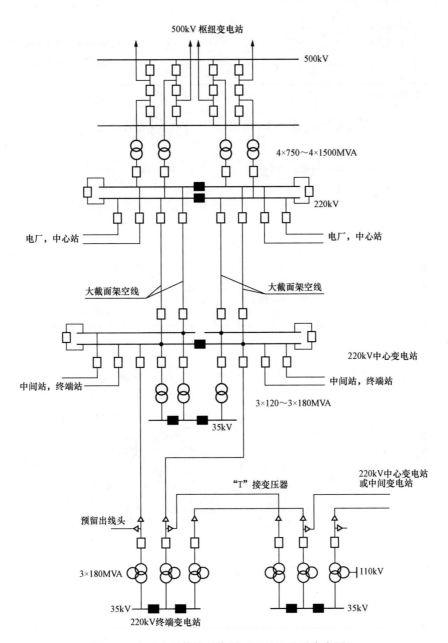

图 8-1 主干电网接线示意图（220kV 及以上电网）

■—正常断开运行；□—正常合上运行

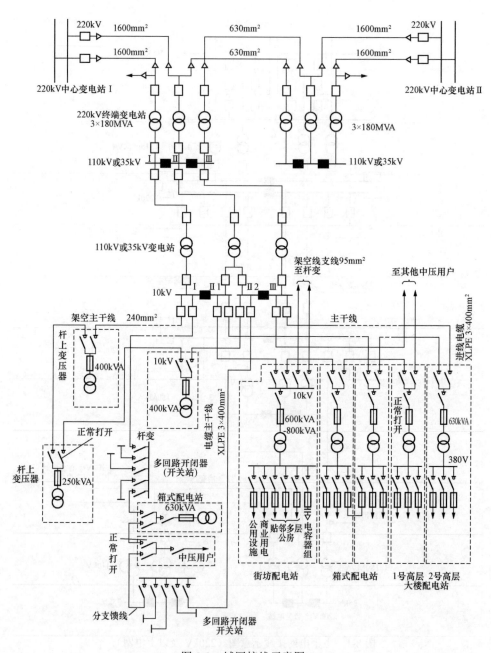

图 8-2　城网接线示意图

1）两回路供电的用户，失去一回路后，应不停电，满足 100%供电；

2）三回路供电的用户，失去一回路后，应不停电，满足 100%供电，再失去一回路后，应满足 50%供电。

3）一回路和多回路供电的用户，电源全停时，恢复供电的目标时间为一回路故障处理时间。

4）开环网络中的用户，环网故障时需通过电网操作恢复供电的，其目标时间为操作所需时间。

5）用户对电能质量要求超出国家规范规定时，应由其采取相关措施解决。

（3）35kV 及以上电业变电站的电源应达到双电源及以上的要求。根据上海电网目前实际情况，"双电源"的标准可分为以下三级：

1）电源来自两个发电厂或一个发电厂和一个变电站或两个变电站电源线路独立的两条及以上线路（电缆）和进出线走廊段，电厂、变电站有两个及以上的进出口通道。

2）电源来自同一个变电站一个半断路器接线不同串的两条母线，或同一个变电站两条单母线分段的母线电源线路，应尽量避免采用同杆（通道）双回路的两条线路（电缆）或共用通道。

3）电源来自同一个变电站双母线的正、副母线电源线路可采用同杆（通道）双回路的两条线路（电缆）或共用通道现有 35kV 及以上变电站，没有达到或尚处于第三级双电源标准的，应逐步达到或提高双电源等级标准。

（4）上一级变电站的可靠性应优于下一级。对于 110kV 或 35kV 站的电源进线，应来自电厂或 220kV 变电站的 110kV 或 35kV 不同段母线。

（5）220kV 变电站的 110kV 或 35kV 侧联络线和互馈线。220kV 变电站之间可设置带有轻负荷运行的 110kV 或 35kV 互馈线，不设置专用 110kV 或 35kV 联络线。

8.3 电网建设环境与公众健康

电网在建设过程中会对环境造成一些影响，如变电站、输电线路的建设会占用部分土地，破坏地表植被，造成轻度的水土流失，使雨污水的排放及自然景观的形成受到影响等。

输配电设备的运行也会对周围环境和居民生活带来噪声干扰，如果设计不当，变压器的低频交流噪声会给运行值班人员带来难以忍受的干扰影响等。

在电网设计、施工、运行管理等方面应用先进的技术和工艺：如采用优化线路路径选择、实行敏感点保护和避让、改进导线设计、采用优化相序排列、优化导线分裂数和导线间距、屏蔽导线等技术，减小导线的对地工频电场场强；

采用张力放线、高塔高跨、线路长短腿配合高低基础等设计、减少架线挖方量，减轻由此引起的水土流失，发展特高压输电、紧凑型输电、同塔多回输电、大截面导线、直流输电技术等，提高输电容量、节约线路走廊和占地，节约环境资源；注重人文景观古迹影响，对城市变电站建筑进行美化外观设计与周边建筑风格相协调等。

但随着社会经济的飞速发展和人民群众物质生活水平的大幅提高，公众对自身所处地区环境质量的要求随之增强，在许多地方公众对输变电工程周围的电场与磁场是否存在潜在的健康危害也日益关注。

由于我国电磁场环境健康公共信息长期严重失衡，诸如"输变电电磁辐射危害健康"等言论在社会上一定范围内流传，加上一些媒体的片面报道，使部分公众对电磁场的健康影响过度担忧，产生了对电磁场的恐慌心理。

因此，尽管政府各级规划、环保主管部门与电网企业在加强输变电工程的规划选址、环境评价、项目核准、水土保持、竣工验收等方面做了大量深入细致的工作，但电网建设受阻、公众过度维权、投诉、纠纷增多的现象仍屡有发生并呈蔓延趋势（上海新站建设中时常发生），对社会经济发展产生了不利影响。

1. 电场和电磁场与公众健康

（1）极低频场暴露。人们在现实生活中是不能避免电磁场的。我们基本生活在自然界产生的电磁场之中，包括地球自身产生的大地电场、大地磁场以及来自太阳和其他星球的电磁场等；我们生活中随处可见的广播电视发射塔和远动通信基站，工业、科学、医疗所用设备以及家用电器周围、交通干线两侧等都存在电磁场。

对于电网，只要电在传输，邻近输电线路和用电设备的周围就存在电场和磁场。电磁暴露于这些极低频（ELF）电场和磁场（EMF）中是否对公众健康有害？这个问题自20世界70年代后期起就已提出。从那时开始，人们做了很多研究，成功地解决了一些重要的问题，并缩小了进一步研究的关注范围。

1996年，世界卫生组织（WHO）建立了"国际电磁场计划"，以调查与电磁场相关的潜在健康风险。WHO的一个工作组最近对极低频场的健康影响进行了总结。更新由WHO主办的国际肿瘤研究机构（IARC）于2002年和由国际非电离辐射防护委员会（ICNIRP），于2003年分布的有关极低频电磁场健康影响的观点。

1）极低频场源和居民暴露。电场和磁场存在于有电流流过的地方，例如电力线和电缆，民房布线和用电设备。电场的产生源于电荷，以伏特每米（V/m）计量，可被木头、部分金属等材料屏蔽。磁场起源于电荷的运动（例如电流），磁感应强度的计量单位以特斯拉（T）或更常用的毫特斯拉（mT）、微特斯拉（μT）

表示。磁场不能被大多数普通材料屏蔽，它很容易就能穿过这些材料。电场和磁场在源头附近最强，随距离增加而衰减。

在 50Hz 的用电设备附近，磁场水平可能会有几百微特斯拉。在电力线下方，磁场大约为 20μT，电场大约为几千伏特每米。不过，在民房中平均的电场值约为几十伏特每米。

2）评价。2005 年 10 月，WHO 对 0～110kHz 频率范围内的极低频电场和磁场可能存在的任何健康风险进行评定。

2002 年 IARC 在检查与癌症有关的证据。按照标准的健康风险评定程序，结论是，对于公众通常遇到低频电场水平，不存在实际健康问题。

（2）源、测量和暴露。对于工频磁场的居民暴露，世界各国的差异都不太大。居民家中的几何平均磁场一般为 0.025～0.11μT。家中的电场平均值一般为几百伏特每米。在一些用电设施附近，瞬时磁场值可为几百微特斯拉。电力线附近的磁场差不多为 20μT，电场约为几千伏特每米。

职业暴露绝大部分指的是工频场，有可能包括一些其他频率的作用。"电气职业"工作场所的平均磁场暴露高于其他职业。

科学研究表明，并不是所有的电磁场都会对生态环境构成影响，当场强被控制在一定的量值范围内时，它对人体、有机体及其他生物体是无害的。因此，将环境中的电磁场控制在一定的、合理的范围内，既能发挥电磁场的积极作用，又可以限制其负面影响。

2. 输变电设施与公众健康

电力设施周围确实存在电场和磁场。电能是依靠运动的电荷来传递的，而运行中的输变电设施载有运动的电荷，故在其周围就存在电场和磁场。

当频率很低时，电场和磁场是相互独立的，彼此没有联系；当频率很高时，变化的电场和磁场可以相互转换，而且可以脱离电荷或电流以波的形式向空间传播电磁能量，我们称之为电磁波。

从电磁场理论可知，只有当一个电磁系统的尺度与其工作波长相当时，该系统才能向空间有效发射电磁能量。输变电设施的尺寸远小于其波长，产生的电场和磁场属于极低频，对环境不能构成有效的电磁辐射，其周围的电场和磁场没有相互依存、相互转化关系。

在不超过推荐的标准限值的情况下，输变电设施建设产生的电磁场是没有危害的。

（1）我国的环境保护标准 HJ/T 24—1998《500kV 超高压送变电工程电磁辐射环境影响评价技术规范》中规定：推荐以 4kV/m（工频磁感应强度）作为居民区工频电场评价标准，推荐应用国际辐射保护协会关于对公众全天辐射的工频限值 0.1mT 为磁感应强度的评价标准。

上述标准均严于或相当于国际标准要求的 5kV/m、0.1mT 的限值要求。所谓的电磁辐射是指电磁辐射源以电磁波的形式发射到空间的能量流。电磁辐射源发射的电磁波频率越高，它的波长就越短，电磁辐射就越容易产生。交流输变电设施产生的工频电场和工频磁场属于极低频场，其频率仅为 50Hz，波长很长，达 6000km，而输电线路长度一般远小于这个波长。而且，电磁辐射是由高频的电场和磁场交替产生向前传播而形成的，可是在输变电设施周围，电场、磁场相互独立，不存在两者交替变化并以波的形式向远处空间传送能量的情况。因此，输变电设施不能构成有效的电磁辐射。

（2）输变电设施产生的电场和磁场被明确地称为工频电场和工频磁场，而不是电磁辐射。当电气设备接通电源时，在其周围空间就形成了工频电场。在人体活动高度范围（一般取离地 1.5m 高度），工频电场强度沿垂直于线路方向，按距离的倒数迅速衰减。空间场强也很容易被导电物质、建筑物、树木等屏蔽或削弱；变电站围墙外，除了架空进出线投影下方外，电场强度通常很小。

工频磁场是由电气设备中运转电流产生的，三相输电线路产生的磁场大致按距离平方的倒数衰减，在输变电设施周围，磁场水平已经很低。根据对多项 110kV 及以上输变电工程进行环境影响评价现状监测和理论预测的结果可知，变电站四周以及线路走廊 30m 范围，工频电场强度、工频磁感应强度分别小于 4kV/m、100μT 标准限值。

但是，长期以来"工频电磁辐射"的不确切概念在国内被多次引用，在很大程度上增加了公众对输变电设施的误解与担忧。类似的术语引用不当的情况在国际也曾有发生。有鉴于此，WHO、ICNIRP 及美国国家环境卫生研究所（NIEHS）、等权威机构在其官方文件中，均毫无例外地严格引用工频电场和工频磁场等专业术语，并拒绝采用"电磁辐射"这一不恰当的概念。

（3）另外，国家权威机构的多年研究成果均显示，极低频场是不可能始发致癌作用的，输变电设施周围极低水平的频场对健康也不会产生危险。可以说，在现有的输变电工程设计、施工、运行等经验水平下建设的输变电工程，能够保证对周围人群健康不产生危害。因此，广大人民群众应该打消不必要的顾虑，支持电网的合法建设，共同推进我国经济建设发展。

第9章

新建变电站常见问题与"两型一化"

随着电网建设的加快特别是特高压交直流输变电工程逐步形成，新建220kV及以上变电站逐渐增加，为了实现和达到创一流目标、创精品工程的要求。本章根据上海地区近十几年来新变电站的建设、投运后的实际运行情况，结合国网和上海市电力公司的各项有关规定，从运行和维修的角度对新站土建和电气一次方面若干具体问题提出要求进行汇总、建议和解决办法。从运行操作和维修角度正确解读新建变电站试点推广"两型一化"（资源节约型、环境友好型、工业化）重要性和必要性及如何融入到实际工程中。

新建变电站常见问题主要集中在土建方面、综合及辅助设施、平面的布局方面、建筑物室内装饰标准及电气一次部分等，下面作详细介绍。

9.1 土建方面防通病

在新站建设时，常遇到的土建问题包括如下几个方面：

（1）新建变电站从立项到投运过程中更改站名的情况很多，这对后续建设带来一定的麻烦，尤其是竣工的图纸资料和工程档案的确定。希望参与工程建设的各方和调度对新站名务必一次确定，有利工程从设计施工到投运整个环节的顺利畅通。

（2）变电站主大门多以电动移门带边门，辅大门为铁板门均以不透空为主（除需配合市政特殊要求外），如采用透空围墙必须用不宜生锈镀锌材料。小门设可视对讲门铃，集控站必须设门卫（应埋设电源、水源和通信一般为 3 根管道）。

（3）主大门应该设置扩音喇叭作集控站对无人值守变电站周边大门口杂闲人员喊话离开，保证安全。

（4）控制楼大门（包括控制室大门）可选用铝合金门或玻璃门；房间采用木门；设备房间采用彩钢板门或根据消防要求选用防火材料，门、门锁、铰链等可采用镀锌铸铁材料或不锈钢或铜质材料。

（5）围墙内外离地±0.00m 一般不低于 2.5m，交付运行前围墙内墙希望粉刷（除采用较好清水外墙），覆盖广告用语，严查围墙墙面开裂。对围墙门卫周围环境卫生必须整治干净，道路畅通。

（6）主控室到继电器室为方便观察运行情况，采用玻璃幕墙宜不小于180cm×120cm，离地90cm。连接主控制室的值班小室与主控制室墙面应开可移动的小窗。

（7）为达到美化、保温、隔热、防渗漏水目的，变电站主要房屋建筑设计时尽量考虑坡顶或加隔热层，保温隔热及防渗漏水措施等。加大屋顶二边斜坡的百分比，变电站外侧窗玻璃应选用节能型。设备房间窗的玻璃要用防爆型。

（8）变电站建筑物的沉降缝。

1）屋面部分所用材料应避免随着建筑物的沉降产生的缝隙引起雨水渗漏进入房间影响设备的安全运行，屋顶防水卷材质量要好、工艺要合理。

2）室内部分应避免在配电室母线上部平顶处由于所用材料随房屋沉降产生沉降缝，导致金属物变型脱落影响母线设备的安全运行。

3）配电室室内墙顶内粉涂料不宜过厚，以防脱落影响到运行设备。

（9）电缆竖井大于7m时每隔7m设置一个封堵层，电缆隧道宜每隔100m应划分隔断（高度大于1.2m），防火分隔宜采取阻火墙或用槽盒并设置阻火段。电缆沟每隔 60m 划分隔断，防火分隔宜采取阻火墙。电缆层面积大于 500m² 应划分区域隔断。电缆沟盖板拉环积水易生锈必须改用镀锌材料，电缆沟盖板：室外可选用镀锌框水泥盖板或无框水泥盖板（主道路盖板须用加强型）；室内采用轻型或铝盖板。

（10）站内电缆沟、管在满足工艺要求下应减少埋深。但过道路电缆沟、管高度不应低于1.2m。不宜设置电缆支沟，宜采用埋管结合电缆井方式。电缆沟盖板尽量采用阳盖板并安装平整，异型盖板应特别制作，盖板按区域、按运行规律编号。电缆层内百叶窗要求加不锈钢护网。

（11）户外场地电缆沟转角电缆支架必须采用混凝土小梁（因镀锌角钢长期置于电缆沟容易脱落生锈）。电缆层（35kV 配电装置、就地继电器室、控制楼）采用潜水泵排水，其管路必须加装方便检修拆卸的管接头（俗称 U 宁）。电源控制箱应放在楼梯口。

（12）电缆层请设计保证留出主通道方便人员检查、维护、检修和事故处理，力求做到：

1）电缆走向路径力求最短。

2）电缆转弯半径如何确定比较合理。

3）各电压等级（交流、直流，动力和控制）电缆正确安放，尽量不交叉、不重叠、不混合。

4）电缆竖井制作要求规范。

5）电缆铭牌要求规范。

6）电缆层、电缆构架接地工艺要规范。

7）电缆敷设孔洞封堵工艺改进，能防渗漏水。

（13）变电站各房间门的选用应考虑协调，避免在控制楼房间、无设备区域的各类门采用大铁门；需要采用铁门的房间，以轻型卷帘门为宜。户内外设备房间各种材质的门锁尽量装设统一，一把钥匙可以打开（要求门外用钥匙开）。

（14）控制楼、配电装置楼建筑及阳台等公用部位应铺设防滑地砖或耐磨地坪，非地下电缆层地坪应油漆二度地板漆。

（15）220kV GIS 室设备房间大门套小门或专设小门，保证两条通道安全进出，220、110kV GIS 室设备房间安装起重行车必须增设检修人员爬梯，注意核算工作平台（围拦）离行车的高度和距离并有明显接地排。

（16）主变压器地锚基础位于道路中央时，拉环顶面应低于路面；若位于户外场地，基础顶面应高于地坪，防止锈烂。

（17）为防止变电站主变压器交流低频噪声，建议设计集控站时不要将控制室和生活房间设置在变压器室楼顶上。

9.2　综合及辅助设施

（1）变电站主道路设计时要考虑城市型道路并有组织排水，主道路一般采用 18cm 混凝土作基础覆盖 6cm 沥青路面。集控站及以上变电站考虑停车用库、棚。户外配电装置场地按设备回路考虑设置一定数量不锈钢栏杆，以方便运行做设备停电的安全措施。除操作走道与电缆沟外必须追求绿化最大化、一体化，新建站时宜多砌筑花坛，绿化容积率一般不低于 30%。

（2）户外场地应考虑绿化及清洁用水，根据户外场地大小设置相应数量的水龙头或阀门接头（要求每 2 只水龙头间隔 50m 左右，龙头离地 50cm 并有防冻保温措施）。220、110kV GIS 室，110、35kV 配电装置楼室，就地继电器室，门卫室应设置水龙头和水斗，便于做清洁工作。如用新型材料的水管、水龙头、阀门一定要保证质量。

（3）变电站雨、污水排水应接入市政排管，对暂时无法接入为避免堵塞应考虑在站内出口处设置水泵房，水泵 2 台，选用机械密封型、水位自动控制、故障信号接到控制室。主控楼底楼排污管应考虑疏通方便，管经应大于 200mm。雨水泵房户外电源控制箱为防日晒雨淋宜设置在房间内。雨水泵房粗格删条建议用镀锌圆钢以防受力变形镀锌表面脱落生锈，出水口大孔洞顶面应设护网、栏杆。

（4）变电站排气风扇应选用低噪声（电源小开关应装在门外），室外侧装弧型防雨罩（材料用不锈钢并附不锈钢护网）。避免装在建筑物离地面较低处。

（5）暂时不上的主变压器、电抗器等建筑物必须用彩钢板或砖墙临封。集控站最好能建专用备品小室集中存放主变压器封板及附件。220kV GIS 室，110、35kV 配电装置楼底层及就地继电器室所有出口处应安装防鼠门栏。

（6）设计应根据变电站电压等级、场地大小考虑接地网检查井设置部位和数量，方便每年一次全站接地电阻的检测。户外场地避雷器动作计数器安装位置不能太高，以 1.5～1.8m 为宜。独立避雷针杆段连接螺栓应用不锈钢、以保证强度。

（7）变电站应设置标准消防小室放置手推灭火器、专用小桶和黄沙。门涂或贴红色，黄沙箱加铁板，内墙设铁铲钉钩。

建造单面消火栓框放置消火栓的混凝土基础，一般尺寸为长 70cm 宽 35cm× 高出地面 35cm。安全用具室应铺设防火地板、安装排气风扇、红外线消毒灯、安全用具橱柜（包括插座）。控制楼应设置安全通道逃生警示牌（接通电源）。

（8）户内外照明灯具标准应提高，造型应选择比较新式，支架选型应牢固，考虑更换灯泡与清洁方便，原则上以低布置设计为宜，室内照明灯具不宜过高，吊灯以 2.5m 为宜，壁灯以 2.0m 为宜，尽量少用吸顶灯（消防泵房应特别注意）。场地巡视照明宜采用庭院式布置；投光射式布置，所有照明灯具应符合强制性标准规定要求，支架牢固防风防浸雨水防锈蚀，距离路边 500mm 以上。与基础连接部分应牢靠，照明灯具密封性能良好灯具内不得有渗漏积水现象。

（9）室内房间不宜采用吸顶嵌入式空调（防凝水管渗水），空调室外机离地高于 0.5m，离楼板基础用 10cm 镀锌角架支起（防机框锈烂）。

（10）变电站站名国网标识一般为宽 6m、高 2m，站名用语要统一符合标准。

9.3　合理布置总平面

（1）变电站的会议室在平面布置时尽量考虑靠近主控制室（平时可做工作许可验收室或培训室用），并增加网络、电视电话布置，在事故应急处理时，可以作为临时指挥用。生活、工作房间在施工图中最好能画出详细的装修图（包括空调位置、电话、网络、照明等）。

（2）变电站所有的生活办公房间应该考虑自然采光，尤其是办公室、站长室、休息室等；有内走廊布置的设备房间也尽量考虑在走廊内侧设置窗户。

（3）用房标准。

1）集控站：主监控室（大于 60m^2）/站长室/值班室/资料室/工具间/安全用具室/绝缘工具室/会议室/备餐室/备品室/寝室四间/男、女厕所，浴室各一间。

2）受控站：主监控室/资料室/安全用具室/备品室/寝室一间/厕所浴室一间。500kV 变电站标准应高于集控站标准，集控站标准应高于无人或少人变电站。

（4）备餐室要考虑热水、排水、有足够的电源配置（集控站考虑 380V 专用生活电源箱）、主监控室/站长室/值班室/资料室/会议室/寝室要装空调和纱门、纱窗。浴室原则上与生产场所分开设置在底楼，配置大容量热水器。浴室配电箱必须选用防潮型并加装漏电保护器。

（5）对远景预留场地，应考虑远景设备基础的挖土方量（希望远景预留场地将接地网和大设备基础开挖首期完成），适当降低远景场地的地坪高度，避免远景施工土方外运。场地的地面形式应采用平坡式布置。

（6）建筑设计应在满足生产要求的前提下，合理配置功能房间，优化房间设置，确保功能房间数量、大小合理，减少建筑面积。建筑平面布局应分区明确、紧凑规整，建筑使用率不应小于 78%。

（7）建筑物体凹凸面不宜过多。建筑物围护结构的外表面宜采用浅色饰面材料，并体现国网公司企业标准色彩。应采用节能、环保型建筑材料。

（8）屋面应结构找坡，减少找坡填充材料，应设置保温隔热层。当变电站周围的建筑物为坡屋顶时，变电站可采用坡屋顶形式。

（9）设计应考虑变电站消防火栓基础与主道路之间的混凝土便道。

（10）变电站主建筑楼户外侧面配电装置遇到落水管为保证安全距离要避开（可考虑放在建筑楼背面无设备处），落水管抱箍应用不锈钢材料，固定间隔不能太大，所用螺栓不能生锈。

（11）外墙材料应符合保温、隔热、防火、防水强度及稳定性要求。变压器室、散热器室等有散热要求的房间不宜采用墙体保温措施。外墙面宜采用普通弹性涂料，外墙装饰不应采用玻璃幕墙、铝塑板、花岗岩等材料。

（12）生活用水管（水压不够应加增压泵或水箱）上水管应采用不污染水管。蹲式坐便器应设水箱，厕所间大便凳位尺寸一般为 100cm×120cm 为宜。

（13）消防报警设置；全屋内变电站，采用组合电器应集中全部消防报警系统。常规变电站，至少应在控制室、继电器室、电缆夹层、电缆竖井、蓄电池室设置消防报警装置，并有比较实用的感温装置，接地变等房间感温探头必须安放在网门外。

（14）通往控制室与继电保护室之间的二处楼梯通道应留有除柱头外不小于 1.4m 的逃生通道，标识符合消防要求。

（15）变电站防范系统，根据上海市电力公司企业标准 Q/SDJ-1079—2005 第 6.7 条，出入口安装金属防盗门，与外界相通的一、二楼窗户和通风口，应安装实体防护装置，门锁均应采用具有防撬功能的机械防盗锁；根据上电字

[2008] 1278 文，周界报警均应采用高压电子脉冲式探测器方式。技防系统必须经过公安部门技防部门的评审和验收后，方可投入使用（窗及通风百叶窗静电喷涂铝合金或彩色钢板窗，底层窗内侧加装防盗删）。

（16）户外构架基础（中间部位）须不低于绿化地坪。（尤其斜撑构架下部胶结部位高程须控制好），根部距地面 300mm 以下部位灌浆，开设渗水孔，保护帽宜高出 100mm。

（17）整组户外设备（如隔离开关）、相互之间有硬连接设备（如主变压器通管）的构支架及基础部分为防止不均匀沉降引起设备故障，设计时应考虑尽量连体，尤其是以上设备处于暗浜或回填土区域应更加重视。

（18）变电站屋面防水卷材按上电建 [2007] 69 号文，采用 2.0mm 厚三元一丙（彩色）卷材，室外楼楼梯平台地面用烧毛石或玻化砖。

9.4　建筑物室内装饰标准

办公生活房间按照两型一化要求原则上是不吊顶，但房间高度超过 4m 时，应在结构上适当处理。卫生间宜采用 PVC 铝扣板吊顶，普通瓷砖墙面。门锁、铰链等小五金采用不锈钢或铜质材料。具体要求见表 9-1～表 9-6。

表 9-1　　　　　　　　　　控制楼室内装饰要求

项目	地面	墙面	顶棚	备注
通信室	防静电架空地板（面层玻化砖）或玻化砖面层	防静电涂料	乳胶漆	集中或柜式空调
控制室				
计算机房				
继电器室				
±0.00 以上电缆层	环氧树脂漆	乳胶漆	乳胶漆	—
±0.00 以下电缆层	无砂混凝土	外墙涂料	外墙涂料	—
蓄电池室	玻化砖或环氧树脂漆	乳胶漆	乳胶漆	排气扇空调（小开关插座防爆）
值班室	复合木地板	乳胶漆	乳胶漆	柜式或挂壁空调
站长室				
资料室				
休息室				
会议室				

续表

项目	地面	墙面	顶棚	备注
±0.00以上楼梯间、走廊、门厅	玻化砖	乳胶漆	乳胶漆	—
±0.00以下楼梯间、走廊、	无砂混凝土	乳胶漆	乳胶漆	—
备品间	玻化砖	乳胶漆	乳胶漆	—
工具间（安全用具室）	复合地板	乳胶漆	乳胶漆	增加排气扇红外线灯
卫生间	防滑地砖	面砖	PVC扣板	中档洁具、防火板隔断、浴室配置取暖设备
浴室				
备餐间				

表9-2　　　　　　　　　　配电装置楼室内装饰要求

项目	地面	墙面	顶棚	备注
GIS或开关柜室	环氧树脂漆	乳胶漆	乳胶漆	增加空调
35、110kV屋内配电装置	环氧树脂漆	乳胶漆	乳胶漆	—
±0.00以下电缆层	无砂混凝土	外墙涂料	外墙涂料	—
楼梯间	无砂混凝土	乳胶漆	乳胶漆	—
走廊	环氧树脂漆	乳胶漆	乳胶漆	—

表9-3　　　　　　　　　　主变压器楼室内装饰要求

项目	地面	墙面	顶棚	备注
主变压器室	环氧树脂漆	外墙涂料或吸声砌块	外墙涂料或乳胶漆	—
散热器室	无砂混凝土	外墙涂料	—	地坪有效泄水
地下室	无砂混凝土	仅作粉刷	仅作粉刷	—

表9-4　　　　　　　　　　电容（抗）器楼室内装饰要求

项目	地面	墙面	顶棚	备注
电容（抗）器室	环氧树脂漆	乳胶漆	乳胶漆	—
楼梯间、走廊	无砂混凝土	乳胶漆	乳胶漆	—

表 9-5　　　　　　　站用变压器、接地变压器室内装饰要求

项目	地面	墙面	顶棚	备注
站用变压器室、接地变压器室	无砂混凝土	乳胶漆	乳胶漆	—

表 9-6　　　　　　　消防泵房室内装饰要求

项目	地面	墙面	顶棚	备注
消防泵房	水泥地坪，随捣随光	防霉涂料（水箱侧加刷防水涂料）	防霉涂料	设置通风百叶，内装防护网

9.5　电气一次部分常见问题

（1）500kV 变电站、220kV 集控站对受控站应设置工业电视闭路监视系统。为方便运行操作，尽快通知现场人员，请设计中考虑集控站对受控站加装直接对讲电话。集控站计算机网线布置到站长室、主工室、会议室。

（2）500kV 变电站主变压器 35kV 侧总断路器为方便运行操作和事故处理不能省。

（3）变电站必须保证一路外来站用电源，220kV 及以上变电站必须要有二路外来站用电源，不容许小电源对放（二路外来站用电源同属于上一级电源），包括变电站分期投入暂只作开关站用。

（4）户外 220kV 母线接地隔离开关应考虑单独安置，尽量减少双接地隔离开关布置（隔离开关位置一般不大于 3m）。220kV GIS 设备本体上控制电缆宜用桥架敷设，接地开关围栏必须放宽，设备比较多时应加设梯子。

（5）35kV 配电装置室多（六）分段母线，母线走道上必须设置护网或接头处包热缩材料。敞开电气布置的 35kV 母线排设备仓内插销不能采用，必须改为外搭扣。设计中尽量避免在 35kV 配电装置（分段仓位）中选用穿楼套管流变，如一定要用必须考虑流变下移到短路器仓内，以保证安全。

（6）检修电源箱容量应考虑主变压器滤油，电流不小于 150A，控制电源箱容量电流不小于 40A。户外电源箱外壳必须与接地网可靠连接，并做到防渗漏水。空调电源必须采用三相五线制（PE 线不能与 N 线并联），并选用三相五线插座/插头，如已用三相四线插座/插头应尽快改进。

（7）场地巡视照明宜采用庭院式布置；设备照明宜采用投射式布置，所有照明灯具应符合强制性标准规定要求（支架牢固具有防风、防浸雨水、防锈蚀，防雷电和触电可靠接地）距离道路边 500mm 以上。

（8）主控室内应仅放置操作后台机（或操作用模拟屏），后台主机等立屏、消防报警屏、技防报警屏、电源屏不宜放置在主控室。

（9）消防报警的设置：全屋内变电站，采用组合电器应集中全部消防报警系统。常规变电站，至少应在控制室、继电器室、电缆夹层、电缆竖井、蓄电池室设置消防报警装置，并有比较实用的感温装置。

（10）照明灯具类和低压电源箱要求：

1）所有照明灯具应提供免费 3～5 年的维护调换及光源 1 万～2 万 h 免费维护调换，低压电源箱内所用电线都是合格或品牌产品。

2）应采用光源衰减少、品牌牢靠，有一定信誉企业的产品。

3）采用的照明灯具其材质、工艺、防腐防护等级等，要符合标准，要具备国家强制认证的 3C 证书所有使用的产品都是合格产品。

4）特种照明灯具一定要有国家消防认定中心的生产许可证。

9.6 "两型一化"变电站建设目的及实施

逐步试点推广和建设"两型一化"（资源节约型、环境友好型、工业化）变电站的目的是按照变电站的功能要求，进一步明确其工业性设施的功能定位和配置要求，实现变电站全进程、全寿命周期内资源节约型、环境友好推进典型设计和标准化建设，降低变电站建设和运行成本。

以往变电站建设存在设计、建设标准不统一，设备形式多，建设和运行成本较高，其中变电站庭院化、主控制楼民居化、装修材料高档化、建筑面积较大，功能配置重复、冗余，施工工艺复杂，设计优化不够等情况。

根据《国家电网公司"两型一化"试点变电站建设设计导则》，结合试点变电站的建设经验，上海市电力公司编制"两型一化"变电站实施细则。规定了公司系统内建设"两型一化"变电站的技术原则和设计要求。

1. 建设原则

建设"两型一化"变电站的原则是：以用为先、简洁适用节约资源，以人为本、环境友好。

（1）设计理念上，贯彻标准化设计，推行全过程和全寿命周期最优化设计，提高变电站建设的效率和效益。

（2）功能定位上，明确变电站作为工业性设施的定位，分析变电站的功能需求，追求变电站的基本功能和核心功能，剥离无用、重复、多余功能。

（3）性能指标上，安全可靠、技术先进、合理造价，不片面追求高性能、高配置，不盲目攀比，追求性能价格比最优。

（4）建筑风格上，体现工业性产品或设施的特点，提倡工艺简洁、施工方便、线条流畅，与环境协调的非民居、非公用建筑。

（5）装修材料上，应采用环保、节能材料，摒弃高档、豪华、个性化、特殊化的装修。

（6）施工工艺上，推行工厂化加工、集约化施工、模块化组合，用大宗材料。

（7）设计标准上，不突破现有设计规程、规范，遵循公司典型设计总体原则。

2. 站址选择

（1）站址选择根据电力系统规划设计的网络结构、负荷分布、城市规划、征地拆迁等要求全面综合考虑。通过技术经济比较和经济效益分析，择优选择站址。

（2）根据城市土地规划要求变电站用地为三级工业用地，充分考虑变电站出线条件，统一规划线路走廊，避免或减少架空线路相互交叉跨越。整合线路走廊，变电站进出线宜直进直出，排列整齐。

（3）站址应不占或少占耕地和经济效益高的土地，宜利用劣地、荒地、坡地，并应尽量减少土石方量。

（4）站址应避让重点保护的自然区和人文遗址，避让有重要开采价值的矿藏，避免或减少破坏林木环境、自然地貌。

（5）站址与周围道路、建筑物和架空线的边界应符合《上海市城市规划管理技术规定》，并应满足环评报告的要求。

3. 电气主接线选择

各电压等级电气主接线应满足《国家电网公司输变电工程典型设计》110～500kV 变电站各分册的有关要求。

（1）对于终端变电站，当满足运行可靠性要求时，应简化接线形式，采用线路变压器组或桥型接线。当有联络要求时可采用环入环出支接变压器接线。

（2）对于 GIS、HGIS 等设备，宜简化接线形式，减少元件数量。

（3）对于一个半断路器接线，当变压器台数超过两台时，其余几台变压器可不进串，直接经断路器接母线。

（4）对于双母线或单母线接线，不应设置旁路母线，对已存在的旁路母线应创造条件逐步取消。

4. 电气主设备选择

（1）变电站主要电气一次设备的选择应遵照《国家电网公司 110～500kV 变电站通用设备典型规范》，选取适当的参数要求。如不采用，应专题论证，并提交项目批复单位审核通过后方可采用。

（2）短路电流应按照变电站远景的系统阻抗进行计算，主变压器的并列情况应按照系统确定的最大运行方式进行计算。

（3）应采用全寿命周期内性能价格比高的设备。积极采用占地少、维护少、环境友好的设备。

（4）在系统条件允许情况下，应加大无功补偿设备分组容量、减少分组组数。

（5）应积极稳妥地采用新技术、新设备，促进技术进步。采用节能型设备。

（6）变电站配电装置的选型应综合考虑节约占地、设备小型化和无油化、提高可靠性、满足环保要求、协调景观和节省投资等各方面因素，根据在上海市范围内所处的位置和重要性，采用设备的类型可按表 9-7 分成三类地区进行选择。

表 9-7　　　　　　　　　　配电装置设备类型的选择

类别	站址位置	500kV	220kV	110kV	35kV	10kV
I	内环线以内地区、"一城九镇"的核心地区、城市副中心、区县政府所在地、国家级重点开发区、重要政治用户	GIS	GIS	GIS	GIS、SF₆、充气柜	SF₆、充气柜、空气绝缘开关柜
II	内外环之间地区、中心镇、市级开发区	GIS	GIS	GIS	SF₆充气柜、空气绝缘开关柜、GIS	空气绝缘开关柜、SF₆、充气柜
III	其他地区	GIS户外式	GIS户外式	GIS户内间隔式	SF₆充气柜、空气绝缘开关柜	空气绝缘开关柜

（7）断路器、隔离开关的选择：

1）110kV 及以上断路器应选用 SF_6 断路器。

2）35kV 断路器优先选用 SF_6 断路器。在选用真空断路器时必须进行过电压计算，计算条件不仅考虑目前电网情况，还应按电网发展进行校核，尤其注意 35kV 真空断路器投切并联电抗器（电容器组）过程中产生的截流过电压、重燃过电压等情况。

3）220kV 及以上的断路器优先选用弹簧操作机构或液压机构，110kV 及以下的断路器应优先选用弹操机构（含液压弹簧机构）。

4）隔离开关应选用检修周期长、质量可靠的优质产品，防止出现机械卡涩、触头过热、绝缘子和拉杆断裂等事故的发生。

5. **总平面布置和配电装置**

（1）在可行性研究的基础上，优化总平面布置，减少变电站占地面积，应以最少的土地资源达到变电站建设要求。

（2）变电站布置、进出线方向、进线道路等条件允许时，变电站大门应直对主要运输道路。

（3）当变电站占地面积较大，二次设备应就地布置，以减少电缆长度。

（4）对于 H-GIS 配电装置，当采用一个半断路器接线时，完整串应采用"3+0"方式，不完整串采用"2+1"方式。

（5）应采用管母分相中型或软母线改进半高型配电装置。

（6）独立避雷针必须布置在变电站内。

（7）变压器宜采用户内分体式布置，变压器本体和散热器分别布置在不同房间，本体室封闭以隔离噪声，友好环境，散热器宜用自冷型式。

（8）户内变电站的设计应根据城市规划、工程规模、电压等级、功能要求、自然条件等因素，综合考虑电气布置、进出线方式、建筑、防火、环保等要求，合理解决建筑物的平面布置和空间组合，处理好交通、防火、环保、防震、绿化、防水等之间的关系。

6. 计算机监控系统

（1）由计算机监控系统完成对全站设备的监控，不设常规控制屏和模拟屏。

（2）变电站内数据应统一采集处理，站内监控后台与远程设备信息资源共享。

（3）全站应只配置一套公用的 GPS 对时系统，主机可以冗余配置。

（4）提高变电站自动化水平，推行无人值班。500kV 变电站分阶段实施少人值守运行。220kV 变电站应按规划选定为集控站或受控站，集控站应包括运行人员的工作、生活设施。受控站和 110kV 变电站应按无人值班设计、运行。

（5）220kV 变电站自动化系统应优先采用分层、分级处理，按变电站间隔分散采集的系统。整个自动化系统一般可按双层结构的原则来设计，上层为站控层计算机系统、下层为间隔层测控系统。

（6）计算机监控系统宜采用统一站内 UPS 电源不宜分散配置电气二次线、缆。

（7）宜整体考虑控制、保护、远动和通信等二次设备的布置，运行条件相似的应合并房间布置。

通信机房的动力和环境监测系统，应与全站视频安全监视系统统一考虑。

根据二次系统典型设计，二次设备（保护、通信、自动化、直流系统、UPS 等）应具备充分的防止雷电流、接地故障电流，引起地电位升高造成设备损坏的措施。

（8）220kV 及以上主变压器、线路应配置双重化的快速微机保护。继电保护配置应随电网接线简化而简化。新建 10～110kV 的线路保护应采用微机保护，并应缩短过电流保护的时间级差。

（9）220、500kV 线路纵联保护和远方跳闸装置的通道应选用专用光纤芯通道，不宜再使用载波、专用导引电缆。光纤通道应优先选用 48 芯及以上 OPGW 光纤。应实现保护光纤通道的双重化。110kV、重要的 35kV 线路若要配置纵联保护时，在条件允许的情况下可以采用光纤通道。

（10）电网应根据运行需要，装设必要的安全自动装置，有重合闸、备用电源自动投切、低频减载、低压减载、自动解列装置等。新建电业变电站每回 35kV 用户专线和每回 10kV 出线均应装有低频减载跳闸回路。

（11）为保证对中、低压电力用户供电可靠性和连续性，应在各电压等级变电站的中、低压侧各母线之间的断路器上配置自切装置。

7. 直流系统

（1）220kV 变电站及以上的直流系统应采用双重化配置原则。

（2）直流系统的电压宜采用 110V 和 220V。

（3）推广使用高频开关式直流充电装置。

（4）通信用直流电源可选用专用直流电源和开关式直流充电电源装置，一般可采用 48V（+接地）系统。

（5）电缆设施。对于 500kV 变电站，采用保护下放布置方案时，保护小室电缆敷设应采用电缆沟方式，不设电缆夹层。对于 220kV 和 110kV 户外变电站，保护设备宜布置在一层，采用电缆沟敷设方式，不设电缆夹层。

8. 土建部分设计与施工

（1）站区总平面与站内主道路布置一定要合理。

1）总平面设计应结合站址自然地形地貌、周围环境、地域文化、建筑环境、城市规划和环保要求，因地制宜地进行规划和布置。应优化设计，减少占地，减少工程投资。

2）总平面设计应注重保护周边自然植被，自然水域、水系，自然景观等。

3）变电站功能区域应划分明确、工艺流畅、连接合理，不应设置建筑小品、花坛等，不应设置独立站前区。

4）站区围墙外征地范围宜为 1m，如需设置挡土墙时，宜根据挡土墙基础外边缘确定征地范围，并需满足城市规划和环保的要求。

5）在满足防洪防涝的前提下，变电站应采用站区内土方自平衡方式，不宜弃土。变电站站址高程应满足城市规划的要求。

6）对远景预留场地，应考虑远景设备基础的挖土方量，适当降低远景场地的高程，避免远景施工土方外运。

7）根据上海市的地形特点，自然地形坡度小于 5%，场地的地面形式应采用平坡式布置。

（2）道路、围墙。

1）进站道路宜利用现有道路或路基，尽量减少桥、涵及人工构筑物工程量。

2）进站道路应采用公路型混凝土路面。500kV 变电站进站道路路面宽应为 6m。在施工时进行硬化。

3）变电站进站道路路面宽度 220kV 应为 4.5m，110kV 应为 4.0m。进站道路路肩宽度每边均为 0.5m，进站道路两侧可根据需要设置排水沟。

4）站内道路应采用公路或城市型混凝土路面，不设巡视主道。

5）围墙应采用环保材料，高度宜为 2.30m，宜采用清水墙。城市中心变电站围墙形式，应满足城市规划的要求并与周围的环境相协调。

6）从防台防汛考虑，变电站内地坪应高于站外地坪，站内外高差不大于 0.5m 时，挡土墙宜采用砌体挡土墙；高差为 0.5～2.5m 时，宜采用块石挡土墙；站内外高差大于 2.5m 时，可采用钢筋混凝土挡土墙。

9．绿化

（1）户外配电装置场地应根据绿化率要求确定绿化的面积，其余场地宜采用碎石地坪，应根据实际需要设置操作地坪。

（2）站内绿化应满足城市规划的要求，并应考虑养护管理，选择经济合理、适合本市生长的植物，不应选用高级乔木、草皮或花木。当城市规划或环境需要时，可采用屋顶绿化。

10．电缆沟、管

（1）站内电缆沟、管布置在满足安全及使用要求下，应力求最短线路、最少转弯，可适当集中布置，减少交叉。

（2）站内电缆沟、管材料应根据地质、地下水位及荷载等级综合确定具备条件时，宜选择使用工厂化预制构件，现场装配使用。

（3）电缆沟宽度应采用 400、600、800、1000mm 和 1200mm，以便盖板标准化制作，盖板应采用成品沟盖板。

（4）站内电缆沟、管在满足工艺要求下应减少埋深。

（5）不宜设置电缆支沟，宜采用埋管结合电缆井方式。

11．建筑设计

（1）站内建筑应按工业建筑标准，应以统一标准、统一模数布置，做好建筑"四节"（节能、节地、节水、节材）工作。

1）站内建筑设计应在满足生产要求的前提下，合理配置功能房间，优化房间设置，确保功能房间数量、大小合理。

2）变电站的建筑外观应与城市周围景观相协调，符合城市规划的要求。

3）应采用节能、环保型建筑材料，墙体应采用小型砌块，防火墙采用小型砌块或混凝土墙体。不应采用黏土砖。

4）建筑物围护结构外表面宜采用浅色饰面材料。体现国网公司标准色彩。

5）建筑物外门窗面积不宜过大，满足气密性要求，采用节能型外门窗。

6）建筑物东、西向有空调房间的窗应采用有效的遮阳措施。

7）提高变电站建筑设计标准化水平。

（2）主体建筑。

1）合理设置功能房间，房间设置不应超出变电站典型设计的有关要求，减少建筑面积。

2）建筑平面布局应分区明确、紧凑规整，建筑使用率不应小于78%。

3）控制建筑物的体积，在满足设备要求的前提下，减小层高，顶棚不宜设置吊顶。对于独立设置的主控通信楼（不包括配电装置室），二次设备室净高不应大于3.5m，其他房间层高不应大于3.0m。

4）楼地面不应采用花岗岩、大理石等高档装饰材料，宜采用普通环保型材料，如普通地砖、环氧树脂漆或无砂混凝土楼地面，楼地面面层做法按上海市电力公司《35～220kV变电站（土建）建设标准（试行）》执行。

5）无人值班或设备、设施较少的变电站，在变电站中心部位集中布置设备间，表盘（屏）集中布置，减少房间分割，减少门厅、公共走廊及竖向楼梯面积。

（3）墙体。

1）墙体材料根据上海地区的实际情况，不应采用黏土砖，应以砌块为主，如混凝土小型空心砌块（防火墙采用混凝土实心砌块）等材料。

2）外墙材料应符合保温、隔热、防火、防水强度及稳定性要求。变压器室、散热器室等有散热要求的房间不宜采用墙体保温措施。

3）外墙面宜采用普通弹性涂料，外墙装饰不应采用玻璃幕墙、铝塑板、花岗岩等材料。

4）户外带油设备之间的防火墙宜采用混凝土框架、砌体填充结构或混凝土墙体，粉刷水泥砂浆本色。

（4）楼梯、坡道。

1）楼梯尺寸设计应经济合理。如不需运输设备，室内楼梯开间尺寸不宜超过3.30m，室外楼梯梯段尺寸不宜超过2.70m。踏步高度不宜小于0.15m，踏步宽度以0.30m为宜。

2）楼梯栏杆扶手不应采用不锈钢等高档装饰材料。室外采用非金属材料栏杆，室内采用金属栏杆加木扶手。

（5）门窗。

1）门窗应设计成规则形式，不应采用异型窗。

2）门窗应设计成以 3.0m 为基本模数的标准洞口，尽量减小门窗尺寸，一般房间外窗高度不宜超过 1.50m，宽度不宜超过 1.50m。

3）外门窗宜采用铝合金门窗或塑钢门窗，有空调房间的外门窗玻璃宜采用双层中空玻璃，铝合金窗型材要满足节能要求。

12．施工部分

（1）研究应用工厂预制式装配建筑，提高变电站建筑施工的标准化和工厂化水平，缩短建设周期。

（2）土建施工时宜采用可多次使用钢模板，不宜采用木质模板。

（3）变电站建设宜采用商品混凝土、商品砂浆。

13．装修工程

（1）变电站为工业性设施，装修工程应以简洁适用为原则，严格控制装修标准，不应采用高档装修材料和复杂工艺。

（2）装修不应破坏结构主体，不应增加土建其他费用。

（3）室内装修应改进装修节点，提高外墙保温隔热性能和外门、窗的气密性。宜采用中档、环保型、可循环使用、无毒、无环境污染的装饰材料和产品。

（4）应采用节电、节水器具。

14．装修材料

（1）内墙装修应以保护墙体、延长墙体的耐用性为目的，一般房间宜采用普通弹性乳胶漆涂刷。不应采用花岗岩、大理石、铝塑板等材料，不宜大面积采用木装修。内墙装修标准按上海市电力公司《35～220kV 变电站（土建）建设标准（试行）》执行。

（2）卫生间宜采用 PVC 扣板吊顶，普通瓷砖墙面，其他房间不宜设吊顶。

（3）室内设施。

1）不应采用高档家具、电器、洁具、灯具等。

2）室内家具应采用标准化设计、工厂化制作、统一采购。家具设计宜简洁实用，家具材料宜采用经济、环保、耐用复合材料。

3）灯具选用以安全可靠、经济实用为主，应选用构造简单、高效节能产品。

4）照明方式应以直接照明为主，不应采用间接照明方式，如无特殊需要，应采用节能灯具。

（4）结构。建筑物在满足工艺要求的条件下，应采取措施降低建筑物层高。

1）屋外构支架。

2）构架防腐处理、镀锌应在工厂完成并保证质量，证书报告齐全。

3）设备支架应采用钢结构或钢筋混凝土环形杆。

4）基础型式应有利于立模、施工，应减少品种。

5）钢结构构架宜采用螺栓连接（螺栓强度要保证）。

（5）采暖通风。

1）不宜采用集中空调，宜采用变频分体空调或电暖。

2）SF_6气体不应直接排放，应进行回收处理。

（6）水工部分。

1）室内排水管宜采用 PVC-U 排水管，室外埋地排水管宜采用 PVC-U 径向加筋管或 PVC-U 波纹管。

2）室外排水应采用雨污水分流。生活污水应排入站外市政污水管或采用地埋式污水处理装置处理达标后排放。

3）主变压器事故排油必须回收处理。每台主变压器下应设置一座主变压器油坑。电压等级 110kV 及以下主变压器油坑容积宜按油量的 100%设计；电压等级 220kV 及以上主变压器油坑容积宜按油量的 20%设计，同时有油水分离措施的总事故油池，其容量宜按最大一个油箱容量的 60%确定。储油池内的事故排油由具备相应资质的专业单位运出站外处理。

4）应采用全地下式雨水泵站，不设置雨水泵房。

（7）户外水表接入变电站内或站附近。由于历史原因，目前变电站的极大部分生活及消防水表在投运前设置在站外，水表设置离变电站大门口的距离从几米到 100 多米不等，多年来的运行经验集中反映出以下问题：

1）由于水表设置在站外，穿越路基的管道被重压变形或管、表、阀老化发生漏水后运行人员无法及时发现，长时间造成浪费。

2）当变电站周边道路、绿化发生变更及水表安装处覆土、垃圾堆积严重时，自来水公司抄表员存在长年累月对水表估算情况。

3）由于水表设置在站外，疏于管理维护，窨井积水、水表刻度模糊不清、表阀锈蚀严重，特别是当自来水公司更换水表时，运行人员无法及时掌控，不能确认原水表累计数和新水表基数；设置在站门口的水表及闸阀应砌维修检查井（考虑排水措施）。

4）设置在站外的水表，容易发生站外用户侧管道被外人支接的情况（如锦绣站、浦江站），如果发生在消防用水管道，将给公司造成更大的经济损失。

上述情况，造成运行人员历年来无法对用水情况进行有效地监控，部分站统计用水量远远超标，给企业带来许多不必要的成本支出。建设方如能将新建变电站的水表在投运前接入站内,并将已投运变电站的户外水表列入专项改造移进站内,就可从源头上彻底改变变电站水表在站外不受控的状态。

15. 消防系统

上海地区变电站站址面积小,电气设备布置集中,建筑物体积较大,根据GB 50229—2006《火力发电厂与变电站设计防火规范》,变电站内应设置室外消火栓系统,火灾危险性达到丙类建筑物应设置室内消火栓系统。

油浸式电力变压器消防方式选用应执行上海市工程建设规范 DG/TS 08-2022—2007《油浸式电力变压器火灾报警与灭火系统技术规程》,即应遵循以下原则:

(1)地上变电站单台容量应为 125MVA 及以上的主变压器。

(2)户外变电站内的变压器应选用水喷雾灭火系统。

(3)户外变电站当满足下列条件之一时可选用排油注氮防爆型灭火系统。

1)扩建和改建的变电站,应设计变压器安装固定式灭火系统。

2)变电站的条件不能满足变压器设置水喷雾灭火系统。户内变电站当变压器本体设置在单独的变压器室内,而散热器采用分体布置时,可选用排油注氮防爆型灭火系统。

3)电压等级 110kV 及以上地下变电站内的变压器应选用细水雾灭火系统。

4)根据 GB 50229—2006《火力发电厂与变电站设计防火规范》,移动消防设备宜选用对大气无污染的干粉灭火器。

(4)施工部分。

1)研究应用工厂预制式装配建筑,提高变电站建筑施工的标准化和工厂化水平,缩短建设周期。

2)建施工时宜采用可多次使用钢模板,不宜采用木质模板。

3)为保证材料的质量和现场搅拌不对环境造成污染,变电站建设宜采用商品混凝土、商品砂浆。

第10章

特高压变电站优化设计

本章比较分析了上海地区电网至 2009 年底的超高压交流变电站各种一次（电气）主接线和直流换流站接地极的运行工况优劣，可为建设特高压交流变电站和直流换流站进行一次主接线和接地极选择提供借鉴。

10.1 概述

上海地区电网的电压经历了中压、高压到超高压发展的全过程，回头看呈现每隔 20 多年输变电电压翻一翻的特点（1959 年 220kV 高压在西郊变电站的出现，1987～1989 年上海电网率先在南桥出现 500kV 交流超高压变电站和±500kV 直流换流站，2010 年建成南汇±800kV 直流换流站，2013 年建成上海青浦沪西的 1000kV 特高压变电站）。理论上，输电线路的输电能力与电压的平方成正比，输电线路电压提高 1 倍，输电功率的能力将提高 4 倍。

电力输送要达到规模经济，输变电电压从高压、超高压向特高压发展是必然规律。

目前特高压 1000kV 交流和±800kV 直流输变电技术的实际应用已日趋成熟、完善。尽管尚有一些问题需继续解决，但技术、设备问题已不再是发展特高压输变电的限制因素。

随着我国经济社会的发展、用电负荷的强劲增长及输电容量和规模的不断扩大，极有可能在跨省市 500kV 网架之上逐步形成以实现远距离（500km）、大规模（5000MW 左右）、低损耗输变电为特征的特高压骨干电网。

由于特大城市的高压、超高压输电线路和变电站数目不断增多，土地资源、空中走廊、环境保护、景观协调、节约投资等问题变得日益突出，特别是变电站用地条件限制了高压、超高压输变电的发展，因此选择特高压电网是唯一出路。

上海地区电网现状：供电面积 6340.5km^2，2009 年夏季高峰时最大用电需求为 19.58GW，而上海实际最大发电出力仅为 13GW 左右。500kV 变电站 7 座、变压器 20 台、变电容量 16000MW，500kV 双环网是上海电网的核心网架与高速输电通道，并通过 6 回 500kV 交流线路与华东主网联络。220kV 电网是上海电网的主要供电网络，有变电站 77 座，变压器 201 台、变电容量 29100MW，过网电量 788.7 亿度占上海全部电量 95%。

由于短路电流 500kV/63kA，220kV/50kA 的限制，上海电网已实施分层、分区运行。以 500kV 变电站和大型发电厂为核心，形成 8 个 220kV 分区电网。正常情况下各分区电网之间解环运行，各自通过相关的 220kV 中心、中间、终端变电站向下一级配电网络和用户供电，各个分区电网必要时能够相互支持、支援能力在 850MW 左右。各电压等级对下一级电网和负荷的供应应满足"$N{-}1$"准则。

10.2 一次主接线拟定原则

变电站一次主接线是由变压器、线路、断路器、隔离开关、电流互感器、电压互感器、电容器、电抗器、接地变压器、避雷器、母线等按照一定顺序连接而成。显示本变电站与电力系统的连接，用来表示电能汇集、分配、交换和运作。反映正常（既设备处在电路接通无任何外力作用状态）和事故（既设备遭受人为误操作、误许可、误接线、误整定及外力破坏和不可抗拒自然力）时输、变、供、配电的能力。

从 20 世纪 40 年代起，双母线、双母线分段、双母线带旁路母线曾经作为美国、欧洲、日本、前苏联等国家高压、超高压变电站的一次主接线的首选。随着水力、火力、核能发电机的单机容量逐年增大，输变电电压迅速提高，上述接线由于投资大、价格高以及旁路代出线一、二次操作复杂、继电保护整定困难等原因逐步被淘汰。

近年来超高压、大电网、大电力系统不断形成，大区域、国与国之间联网输变电电压从以 500kV 线路为主，过渡到 750kV 并向 1000kV 为网架发展，单回输电线路输送功率达到 1500～5000MW。因此无论什么原因使线路失去电源，损失都将极大，甚至造成动/静态稳定破坏，以至于解网。即使母线故障概率很小，一旦发生，就将停送数百万千瓦的电能。

通过对各种一次主接线的运行分析比较，可以看出一个半断路器接线方式有很多优点（但也有一些缺点），国外超高压电网用得相当广泛，华东电网 500kV 变电站全部采用（部分 500kV 变电站中的 220kV 系统也采用）。

一次主接线的拟定，对电力系统的动/静稳定、电气设备的选择、继电保护的整定、配电装置的布置以及运行的安全可靠性与经济合理性有着密切的关系，是设计中一项综合性考虑的课题。综观目前所有高压、超高压变电站一次主接线基本上可归纳为具有母线和没有母线两大类。

经过比较至 2009 年公司全部已运行变电站一次主接线并就其接线方式、

特点、优点、缺点分析比较，特别是一个半断路器接线在 500kV 变电站的应用情况。

10.3　超高压变电站主接线比较与分析

1.　国内外特高压站一次接线介绍

（1）日本特高压变电站有两种情况：一种是试验特性（相当于线路变压器组）对外无供电任务，采用户外 GIS；另一种是目前还是 500kV（采用双母线四分段），但将来可能要升压为特高压变电站。

（2）意大利的特高压试验特性变电站采用户外 GIS 双母线接线，其特点是变电站出线采用电缆，特高压的架空线不直接与变电站连接。

（3）苏联 1150kV 特高压站为户外敞开式，发展初期采用单母线，最终过渡到环形母线的一次主接线。

2.　变电站一次主接线拟定

在我国 220～500kV 电压等级的高压、超高压变电站中，根据其在电力系统中的地位、作用、周边环境等究竟采用哪一种接线方式最为适合，值得推敲。各种一次主接线与采用断路器的数量均与进出线的数量有一定关系，如进出线的总数以 N 表示，则所用断路器数量以 X 表示，详见表 10-1 所示。

表 10-1　　　　　　500、220kV 变电站一次主接线比较分析

接线方式	站数	特点	$N+X$	主要优点	主要缺点
没　有　母　线					
线路变压器组	30	不再发展终端站（2 组 10 座站，3 组 7 座站）	$N+0$	电源少、出线少、设备少，接线简单、操作方便	当一台主变压器故障线路陪停或线路故障主变压器陪停，很难满足 $N-1$ 方式
内桥	1	同线变组、故障较多的长线路、主变压器不需经常切换	$N+1$	同线变组、出线投退方便，线路故障只跳线路断路器、主变压器不陪停	当一台主变压器故障线路陪停、投切主变压器操作复杂保护整定调整困难，任一断路器检修影响功率输送
外桥	1	同线变组、短线路、主变压器需常切换	$N+1$	同线变组、主变压器投退方便，主变压器故障只跳主变压器断路器、线路不陪停	当一回出线故障主变压器陪停，同内桥、不容易引起环网开环，很难满足 $N-1$ 方式
四边形	4	同线变组、1 座站 4 元件、1 座站 6 元件	$N=4$ $N=6$	同线变组、具有双母优点，每一回路占有二个断路器、一个断路器检修仍正常运行	检修一台断路器接线开口再发生故障引起开环、接线改变保护整定困难，设备选择需开环问题

续表

接线方式	站数	特点	N+X	主要优点	主要缺点
具有母线					
单母线分段	2	（1座变电站分2段、1座站分3段）出线少小容量、单电源	N+1 N+2	同线变压器组	当母线和母线隔离开关检修或发生故障，任何断路器拒动会造成全站停电，可靠性差、灵活性差
双母线	8	小容量、双电源、多配线	N+1	一母线故障可保留一半，重要用户分开，减少短路容量，可装分段自切增加可靠性，母线可轮停	较单母线造价增加，断路器检修线路陪停，当母线和分段断路器故障或检修只保留一半
双母单分段	7	出线多、重要用户可分开	N+3	检修出线断路器可停线路，同双母线运行方式灵活	倒母线操作复杂，单母线运行时母线或出线故障断路器拒动引起全停
双母双分段	17	（3座变电站缺1只分段断路器）、N+3电源多、出线多、易分期建（2座变电站）	N+4	母线可轮修灵活可靠，回路母线隔离开关检修可倒母线，两组母线可分开也可并连运行，出线断路器拒动失灵可用母联断路器切除	倒母线操作复杂，接线比较复杂，造价较单母线增加
双母带旁母	12	电源多，出线多，有重要用户	N+2	同双母线、出线断路器检修可用旁路代不停电	增加旁路母线、断路器、隔离开关造价高，旁路代出线断路器操作、保护调整复杂当母线和分段断路器故障或检修只保留一半
双母单分段带旁母	2	（500kV变电站中的220kV部分）电源、出线特多、有重要用户	N+4	同双母线、同双母带旁母	同双母带旁母多一个断路器、单母线运行时母线或出线故障断路器拒动引起全停
双母线旁联断路器	2	非标接线、同双母线、母联兼旁路断路器	N+1	接线简单，省1个断路器	增加旁路母线、断路器、隔离开关造价高，旁路代操作、保护调整复杂
双母双分段带双旁母	1	500kV变电站中的220kV部分）电源多，出线特多、大型站	N+6	同双母线、同双母带旁母	增加双旁路母线、断路器、隔离开关造价高，旁路代出线断路器操作复杂保护调整复杂、设备多、造价高
双母双分段带单旁母	1	非标接线，（1座500kV变电站中的220kV）电源多、出线特多大型站	N+5	同双母双分段带双旁母、少一段旁母	同双母双分段带双旁母
双母单分段带双旁母	1	非标接线，电源出线多，有重要用户，分期建，易扩展双母分段带双旁母	N+5	同双母双分段带双旁母、少1个分段断路器	同双母单分段带双旁母

续表

接线方式	站数	特点	N+X	主要优点	主要缺点
一个半断路器	10	500/220kV 变电站电源多，进出线多，500kV 6～10 回进出线，4 组主变压器内优先采用。线路长潮流大，穿越功率大主网架，稳定要求高合资、进口设备多，自动化程度高，华东电网所有 500kV 变电站及 500kV 变电站中部分 220kV 系统均采用此种接线	1.5N	每两回路用 3 个断路器，每条回路占 1 个半断路器。线路断路器可以轮停，隔离开关不能作为切换负荷用，仅作隔离电气回路用，两组母线可轮停也可以同时切除，母线故障或断路器拒动影响面小，事故处理简单。采用矩阵排列编号有规律，没有倒母线和旁路代问题，操作相当简单。容易实现连锁、闭锁贯通误防装置内容避免误操作。一般不超过五串，如超过可分段，五串并联可用率高，可靠性强母线可靠性高。可分期建设先上不完全串再扩建	早期无运行经验，不容易被人们接受。要求运行人员文化程度高，占用地面积大，无法采用中高层布置，所用断路器多，保护配置复杂。主回路上穿越功率大，潮流变化大。在相同线路条件下较双母带旁母用断路器、隔离开关基本相同但接地开关要增加 1/3 以上。线路检修一定要成串闭环运行故障断路器到线路隔离开关处需有短线保护。重合闸有先合那一侧问题，线路停一个断路器要相应切换。线路故障时需由 2 个断路器跳开切除，断路器检修工作量大。断路器失灵要扩大切除范围（包括对侧站）

注　1. 线变组—线路变压器组。

2. 一个半断路器接线的定义为：由 3 个断路器连接两段母线，每 1 个元件（线路或主变压器）连接 2 个断路器也就是说每 1 个元件占有一个半断路器，这样的接线即称为一个半断路器接线。

3. 特高压变电站一次主接线的要求

根据变电站在电力系统中的地位和作用，按照规划容量、供电负荷、短路容量、线路回路数以及电气设备特点等条件，满足电力系统的安全运行与经济调度的要求确定。其中应考虑到供电可靠、运行灵活、操作、检修方便、节约投资、便于过渡和扩建。

由于特高压线路输送的容量都很大，发生故障时影响范围大，特高压变电站在电网中的位置极其重要。另外特高压设备都很昂贵，如何通过技术经济比较，在一次主接线的设计上优化方案，使用较少的电气设备，达到最好的性能，使得效益投资比最大。

4. 高压、超高压、特高压变电站一次主接线的配电装置

（1）高压、超高压配电装置：AIS（Air Insulated Switchgear）户外配电装置是采用大量绝缘器件，将带电部分、接地部分分隔一定的距离，依靠空气绝缘。GIS（Gas Insulated Switchgear）是将母线、断路器、隔离开关、接地隔离开关、快速接地隔离开关、电流/电压互感器等元件加以组合，充以一定压力的

SF_6 绝缘气体封闭于金属壳体内。GIS 可以是户内也可以户外，但主要采用的是户外形式。

（2）特高压配电装置：MTS（Mixed Technologies Switchgear）混合技术开关设备是基于敞开式和 GIS 组合式开关设备。

MTS 可分两类：一类为敞开式组合电器；另一类为 H-GIS（Hybrid Gas Insulated Switchgear）既复合式 GIS。

H-GIS 最适合于特高压配电装置既电压等级越高越能显示出其优势（无论从运行可靠性、设备占地面积、安装调试、设备造价方面）。

（3）对特高压配电装置的要求。主要应满足下列四点要求：

1）节约用地。

2）运行安全和操作巡视方便。

3）便于检修和安装。

4）节约材料降低造价。

10.4　城市电网变电站主接线选择规定

1. 500kV 变电站

（1）500kV 侧最终规模一般为 6～12 回进出线，4 组主变压器。优先采用一个半断路器接线，500kV 母线可分段，新建 500kV 变电站主变压器应接入断路器串内。500kV 终端站可采用带断路器的线路变压器组的接线方式或其他方式。单组主变容量可选 750、1000、1500MVA。

（2）220kV 侧一般设有 16～24 回出线。新建 500kV 变电站和 220kV 母线可采用装配式装置一个半断路器接线或 GIS 装置双母线双分段两台分段断路器接线方式，并应考虑母线分段。

（3）低压侧用于电容器组和电抗器等无功补偿装置和接入站用变压器，宜采用 35kV 电压等级。应配置 500kV 主变压器低压侧总断路器或电抗器、电容器组首端断路器。

2. 220kV 变电站

220kV 变电站一般可分为中心站、中间站和终端站三大类，最终规模宜为 3 台主变压器。单台主变压器容量：220/110/35kV 可选 180、240、300MVA（360MVA）；220/35kV 可选 150、180、240MVA（300MVA）。对中心城区内 220kV 变电站优先采用 150MVA 及以上的双卷变压器和 240MVA 及以上的三卷变压器。

（1）中心站。220kV 中心站指直接从 500kV 变电站或 220kV 主力电厂受电并向其他 220kV 变电站转供电力的 220kV 变电站，220kV 最终规模具有 9～16

回进出线，可选用双母线双分段接线。在地理位置和系统运行条件许可时，可选用一个半断路器接线。新建 220kV 变电站原则上应不再配置旁路母线。现有 220kV 变电站在满足下述原则的情况下，也可取消旁路母线。取消旁路母线的原则：

1）220kV 进出线满足"$N-1$"准则的要求。

2）主变压器能满足"$N-1$"准则的要求。

3）断路器等设备质量可靠。

（2）中间站。220kV 中间站指全部或部分从其他 220kV 变电站受电，并向少量 220kV 终端站供电的 220kV 变电站，220kV 最终规模具有 6～12 回进出线，通常可采用双母线、双母线单分段或单母线分段接线。有条件时可适当减少中间站。

（3）终端站。220kV 终端站指不向其他 220kV 变电站转供电力的 220kV 变电站。终端站一般不设 220kV 母线，应采用带有断路器的线路（电缆）变压器组接线，在变电站面积受限制不能设断路器时，可仅设接地隔离开关并配置可靠的远方跳闸通道。电源侧断路器必须选择机械三相联动断路器。为了节省中心站 220kV 出线仓位及线路走廊（或电缆通道）220kV 终端站可采用"T"型几种接线，可实现双侧电源供电。"T"接主变的 220kV 侧应装设断路器或 GIS 组合电器。

以下几种 220kV 终端站接线参考模式如图 10-1～图 10-6 所示。

1）110kV 侧可有 9～12 回出线，宜采用单母线三分段 2 台分段断路器的接线。如图 2-1～图 2-4 所示。

2）35kV 侧对于 220/110/35kV 变电站 35kV 侧容量为 3×120～3×160MVA，可有 24～30 回出线，宜采用单母线三分段 2 台分段断路器的或单母线六分段 3 台或 4 台分段断路器接线。当 110kV 侧负荷较轻，为在一台主变停运时把负荷更均匀地切到另外 2 台主变压器上去时，宜选用单母线六分段 4 台分段断路器接线。图 2-1 所示。

对于 220/35kV 变电站 35kV 侧容量为 3×120～3×180MVA，可有 30～36 回出线，宜采用单母线六分段 3 台分段断路器的接线，如图 10-5、图 10-6 所示。220kV 变电站的 35kV 出线允许并仓。

3. 110kV 变电站

（1）110kV 侧最终规模为 3 台主变压器，可采用线路（电缆）变压器组接线或"T"型接线方式。直接由 220kV 变电站供电的 110kV 变电站可以通过断路器或负荷断路器（GIS）采用环进环出的接线方式向其他 110kV 变电站供电，"T"接主变压器的 110kV 高压侧应设断路器。单台 110/10kV 主变压器容量可选 31.5、40、50MVA（对原有的 110/35/10kV 三卷主变容量可选 31.5、63MVA）。

（2）110kV 侧容量为 3×31.5MVA 可有 30～36 回出线，3×40MVA 可有 36～42 回出线，3×50MVA 可有 42～48 回出线，宜采用单母线四分段 2 台分段断路器接线，或采用单母线六分段 3 台分段断路器的接线。新建站不再采用双母线接线方式。

4. 35kV、10kV 变电站

（1）35kV 侧最终规模 3 台主变压器，可采用线路变压器组接线或"T"型接线方式。中心城区、负荷密度较高的地区单台主变压器容量可选 31.5MVA，对负荷密度较低地区的变电站单台主变压器容量可选 20MVA。

（2）10kV 侧可有 24～30 回出线，宜采用单母线四分段 2 台分段断路器接线。新建站不再采用双母线接线方式。

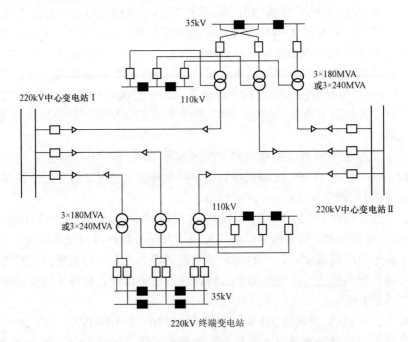

图 10-1　220kV 线路变压器组接线模式

注：1. 电缆、220/110/35kV 自耦变压器或三绕组变压器。

2. 35kV 单母线三分段或双母线六分段 2 台或 4 台分段断路器。

3. 110kV 单母线三分段 2 台分段断路器。

4. 断路器满黑为正常断开运行，断路器空白为正常合上运行，以下同。

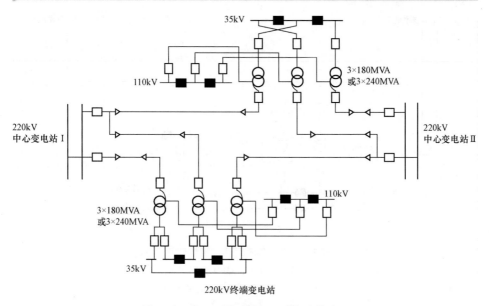

图 10-2　220kV 线路"T"型接线模式 A

注：1．电缆、220/110/35kV 自耦变压器或三圈变压器。

　　2．35kV 单母线三分段或六分段 2 台或 3 台分段断路器。

　　3．110kV 单母线三分段 2 台断路器。

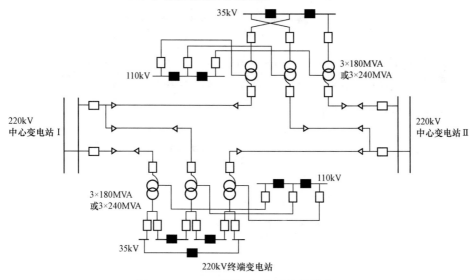

图 10-3　220kV 线路"T"型接线模式 B

注：1．电缆、220/110/35kV 自耦变压器。

　　2．35kV 单母线三分段 2 台断路器、六分段 3 台断路器。

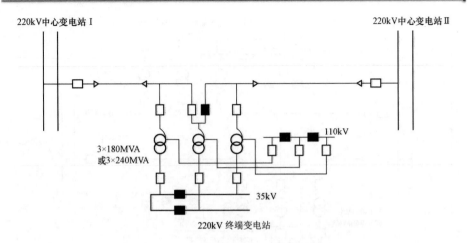

图 10-4   220kV 线路"T"型接线模式 C

注：1. 电缆、220/110/35kV 自耦变压器。

2. 35kV 单母线三分段 2 台断路器。

3. 110kV 单母线三分段 2 台断路器。

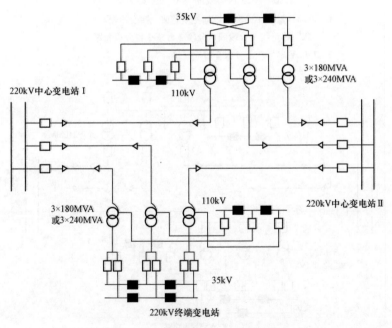

图 10-5   220kV 线路"T"型接线模式 D

注：1. 架空线，220/35kV 自耦变压器。

2. 35kV 单母线三分段双母线六分段 2 台或 4 台断路器。

3. 110kV 单母线三分段 2 台断路器。

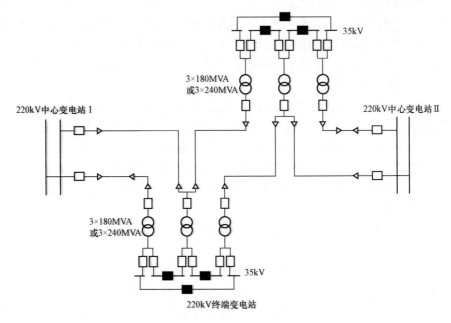

图 10-6　220kV 线路 "T" 型接线模式 E

注：1. 电缆、220/35kV 双圈变压器。

2. 35kV 单母线六分段 3 台断路器。

（3）35kV 开关站。在大用户较多的区域根据用户需求可建设 35kV 开关站。35kV 开关站可采用单母线分段的接线方式，规模为 2～4 回进线，8～12 出线。35kV 电源进线电缆每回一般可选用 2 条 $3×400mm^2$ 并联或单条 $630mm^2$。出线电缆可根据负荷情况选用。

（4）10kV 开关站。为优化配电网，可以建设 10kV 开关站。10kV 开关站应采用单母线分段的接线方式。规模为 2～4 回进线 6～10 回出线。10kV 电源进线每回电缆截面一般可选用 $3400mm^2$，出线电缆可根据负荷情况选用。

10kV 开关柜可选用无油化断路器和微机保护装置。为解决本地区负荷的需要，可附带 2 台 800kVA 及以下的 10kV 配电变压器。

10.5　500kV 变电站一个半断路器接线运行分析

一个半断路器接线较具有母线（单、双、双母分段、双母带旁路母线）的接线具有明显的主要优点（母线检修不影响出线供电、无复杂的倒闸操作、一个断路器检修不需停线路等）。

以上海地区为例，2000～2010 年建设的 10 座 500、220kV 变电站或 500kV

变电站中 220kV 中部分采用一个半断路器接线，其特点是回路没装设线路隔离开关经过 20 多年运行，到目前为止这种接线形式还存在着一些问题，需要总结问题和提炼运行经验，为在建和拟建的 1000、500kV 和 220kV 变电站采用一个半断路器接线提供借鉴。

（1）当遇到线路停役并改冷备用或线路检修时，必须将此线路相关的两只相邻断路器改为冷备用或检修，再合上该条线路的接地开关（该条线路的接地开关无法趁此机会检修，由于联闭锁的关系，此时与其相关的两侧断路器的隔离开关将不能进行遥控、电动的操作）。主变压器也有同样问题，因为不装设500kV 侧变压器隔离开关，当主变压器检修时为正确测量直流接触电阻时必须将高压侧套管引线拆开。

（2）因为不装设线路隔离开关，所以线路保护中没有配置相应的短线保护，失去线路充电保护。

（3）在每一完整串中，采用 3 组独立式的断路器电流互感器。

（4）一次设备在继电保护配置上存在多处无保护区域。

（5）验电、接地。到目前为止还没有专门用于 500kV 电压等级的验电器具和接地线，给运行停电验电和检修工作挂地线带来不便。

（6）500/220kV 运行中断路器发生异常情况闭锁分合闸，如何用隔离开关隔离操作无论从调规和现场实际情况都是很困难的。

（7）20 台 500kV 自耦变第三线圈 35kV 侧总断路器只有 4 台有，16 台无，从运行实际情况看没有 35kV 侧总断路器由于低压电抗器母线或母线隔离开关检修需要主变压器停复役一/二次操作非常麻烦。

（8）500kV 变电站站用电外来电源只有一路而且是 10kV（除南桥站用35kV 外），个别站有小电源迂回情况，有的站采用站用电一次接线方式比较复杂。

（9）不完全串多，低利用率问题。10 座站 500kV 采用一个半断路器接线中，5 串中有 2 组不完全串的站 5 座、有 3 组不完全串的站 2 座、4 串中有 2组不完全串的站 2 座、6 串中有 4 组不完全串的站 2 座。4 座 220kV 采用一个半断路器接线中，8 串中有 1 组不完全串的站 4 座、有 6 组不完全串的站 2 座、6 串中有 3 组不完全串的站 2 座。在不能尽快形成完全串的情况下，串组不应该占有太多，因为所用断路器太多。220kV 大于 5 串的一个半断路器接线，由于进出线回路数较多，可以考虑是否采用 4/3 断路器接线。

（10）220kV 一个半断路器接线中母线分段有的用断路器分段也有用隔离开关分段，给操作和保护整定带来许多麻烦。

第11章

城市电网（地铁配电）安全运行与经济措施

11.1 电网安全问题

2003 年以来，国际上连续发生大面积区域的停电事故，涉及美国、加拿大、英国、澳大利亚、马来西亚、意大利、巴西等国，引起了世界的震惊，一时电网安全成为人们的热门话题。反观国内电网情况，在经济和社会快速发展、用电量迅速增长的情况下，负荷高起，供电紧张。如调荷限电和紧急拉电使企业造成经济损失，部分外资企业因此产生恐惧心理，影响其投资的积极性等。现就近 20 多年国内外电力系统重大灾害事故如表 11-1 所示。

表 11-1　　　　　　　　　国内外电力系统重大灾害事故

国　　　家	发生 年月日	停电影响	最长停 电时间	简 单 描 述
日本东京系统	19870723	8170MW	3.4h	负荷增长过快，无功不足，电压下降致崩溃
美国 WSCC 系统	19960702	11850MW 200 万用户	8h	线路触树跳闸，电压过低系统解列，负荷和发电机大量跳闸
美国 WSCC 系统	19960810	28000MW 750 万用户	5 h	线路触树跳闸，电压过低系统解列，负荷和发电机大量跳闸
美国加拿大 东北部系统	20030814	61800MW 500 万用户	29 h	线路过负荷跳闸引起联锁反映，导致电压稳定和频率稳定破坏
意大利	20030928	27702MW 全系统停电	20 h	瑞士-意大利线路跳闸导致意-欧的全部联络线连锁跳闸
俄罗斯莫斯科 系统	20050525	3540MW 400 万人	28 h	500kV 切尔诺核电站 TA 故障引起全站停电，线路连锁跳闸，电压崩溃
中国海南电网	20050925	422MW	14 天	达维台风引起电网瓦解，黑启动成功
中国华中电网	20060701	3794MW	2.5 h	500kV 站保护误动，线路连锁跳闸，多台发电机退运，系统发生功率振荡

续表

国　　家	发生 年月日	停电影响	最长停 电时间	简单描述
欧洲 UCTE 电网	20061104	16720MW 150 万用户	1.4h	为轮船通过而拉停双回 380kV 线路
英国	20070527	581MW	—	原因仍在调查中
欧洲	20061104	电网解列为 三个区域	—	未严格遵循安全准则
南非	2000～2008	多次大面积 限电	—	政策和监管无法吸引发电厂投 资
美国佛罗里达	20080226	2.2GW	—	断路器故障，人员误操作
日本	20070716	损失巨大	—	大地震，世纪上最大核电站全停
中国南方地区	20080120	直接经济损失 1516 亿元	—	低温冰冻雨雪使输电线路负重 增加拉断，铁塔倒塌
中国四川汶川	20080512	损失巨大	—	大地震，铁塔倒塌电网瓦解

上海电网在迎峰度夏时（近年来"迎峰度冬"也被提出），曾先后通过实施部分限电、紧急拉电、停止非重点市政建设项目用电、关闭部分景观照明、高温时空调被限制在 26℃和其他调节负荷等节电措施，基本满足了经济发展和市民生活的需要。

根据国内外电力短缺和电网安全事故的经验教训，得出以下初步结论：

（1）加强和完善负荷预测、电源规划、电网结构建设以及先进技术的应用是最根本的措施。对这一点，有关部门虽已予高度重视，但由于其进程较长，远水难救近火，故"短、平、快"的措施仍显十分必要。

（2）变电站一、二次主设备一定要用品牌，技术参数必须满足规范规定。

（3）无论采用何种技术安全措施，雷击、外力破坏、错操作等突发事件引起的停电事故要完全避免几乎是不可能的。因此，建立和健全电力应急处理机制也是十分必要的。

11.2　确保电网运行安全措施

上海地区电网容量逐步发展到 2011 年迎峰度夏最高负荷为 27500MW，（远景将达到 45000MW），其中本地实际最大发电能力不到 13500MW，相当一部分电力来自外省市需要受进 14000MW。无论电网网架规划设计，还是电力基本建设，电网运行管理，必须参照国外先进经验实施规范化模式管理。

1. 电网规划设计

结合上海地区能源结构调整同时，对电网网架早期规划设计，研究确定指导性方针原则，以便规划设计保证电网建设跟上经济发展步伐。为了服从统一的国家利益坚决反对过分强调市场行为。500kV 主干网架根据安全可靠性要求，是从 N-1 提高到 N-2 还是 N-3。220kV 以下配电网络，就其变电站分布，供电范围内功率平衡，可靠性要求，达到 N-1 还是 N-2，都应该结合实际研究确定。

（1）上海地区用电其中将有相当一部分来自外省市电力，就如何提高外来电源安全可靠性（包括输变电方式、网架连接、保护装置）应作为重大课题专门研究，提出有效措施来指导电网规划设计。

（2）电力基本建设规范化模式：

为适应电网安全要求越来越高，及无人或少人值班发展趋势对同样规模，同样电压、同样主接线的变电站必须采用统一规范化设计。

（3）电气设备质量应得到保证，在采购、招标、评标、合同签订中以技术部门为主，避免单从商务经济角度的干扰，保证设备质量。

（4）由于季节性空调负荷占全负荷的 40%，建议推广已成熟的冰蓄冷空调技术及蓄热电锅炉。

（5）确实加强分布式电源系统，尤其是具有冷、热、电三联供功能的分布式电源系统的研究和建设。在正常情况下这种系统可以有效地降低空调和采暖负荷所造成的巨大负荷峰值，同时也可以减少输电网和配电网的压力，减少电能的网损，一旦发生电网大解体事故，这种系统将可以在一定程度上保障关键用户的电力供应。鉴于从西部输入的天然气已开始供气，建议结合上海大型企业和设施的建设及天然气管道规划，在部分地区开展这方面的试点，并在总结的基础上推广使用。

（6）重视变电站接地网问题。随着超高压电网系统短路容量的不断增加和接地新材料和新工艺推广和应用，使接地网、极地电阻大幅度下降。建议在以后新站和大量老站改造中（包括 110kV 和 35kV 变电站）改造中强制采用。同时对 2000 年以前建造的变电站接地网进行一次普查是否符合接地短路故障时短路电流在最短时间内充分释放。

2. 依法治理电力系统

（1）尽快制订与发达国家电力设备效能标准相接近的制度，并将其法则化，淘汰高能耗设备，推广节电技术。

（2）在目前电力基建任务很重的情况下，设计一定要论证，要加强全过程质量监理。领导带头严格执行各项归章制度。

（3）建立"电力听证会制度"，包括建立由领导、技术人员、工人组成的事故调查听证会，缺电应对听证会，电力管理体制改革听证会等。视听证会类别分别有人大类、政府、电监会、电网公司主持；邀请行风评议监督员、用户和涉及听证各方面代表参加，以便协调各方面的积极性。

（4）引进法律机制，事故责任人有申诉的权利（包括请辩护律师），建立事故应负责任的"价目表"彻底搞清事故真相，真正吸取教训。保证电网安全运行。

（5）尽快出台《用户安全等级制度》，以此作为拉闸限电程序预案的法律依据。对一些影响大的机关、企业必须重点保护。但是在电网发生严重缺电或紧急事故的时候，电力调度部门需要采取拉负荷等是迫不得已的措施，故很难保证其连续供电。

（6）进一步发挥电价的经济杠杆作用，深化分时电价制，研究建立季节电价制，推出高可靠性电价政策。

（7）建立市场化的有效配置电力资源的机制。在缺电的情况下，在满足政府指定项目之后，可参照招投标的形式，引入市场机制来配制电量，并逐步扩大市场化份额。在限电时，也应逐步采取市场化形式，尽快着手研究具体操作办法并予以实施。

3. 确保安全运行

（1）对载流导体运行中的测温。载流导体发热是受负荷大小、设备的材质、气候条件、环境等多方面因素的影响。尤其以迎峰度夏期间为盛。目前热故障诊断和检测领域对载流导体发热是电力系统确保安全运行，最先进有效的手段之一。

（2）防止外力破坏。近年来，在运行中的各电压等级的电力设备上外力破坏引起的事故时常发生，电力部门虽然采取多项措施但仍然是防不胜防。为此要大力宣传《电力法》，对偷盗电力设施引起外力直接或潜在事故要追究刑事责任，采取切实有效措施。

为此，需对地区负荷冠以安全的等级来区分并公布。这就需要建立一个供电安全定级制度，具体评定先从重要用户开始，凡影响市民正常生活次序或社会稳定的用户由政府评定，企事业单位用户则有其自行申报与经济挂钩，如提高安全等极的均要支付一定的费用。使电力调度部门的工作有法可依。

（3）建立全社会系统工程，提高政府应对电网突发事件的能力。构建政府领导下的电网安全和指挥应急救援机制，以电力系统为主、社会各方面参与的网络体系；关键单位建立应急机制，明确其相应责任；确保有关信息畅通，规范、细化沟通的具体环节，以避免美国、加拿大等国家大停电信息传递迟误 1 个多小时而导致停电范围扩大的后果；加强有关法规条款的协调，避免因条款不一致而使力量抵消；细化保安、救援、安民、交通、保险的具体措施，使整个社会生活纳入电力系统应急机制的综合系统中。

11.3　上海电网"黑启动"概念

鉴于"黑启动"能力和供电恢复时间是检验一个城市电网应急机制的重要指标。在正常情况下，这些机组可以作为调峰和紧急备用电源使用。欧美的经验表明：在一个电网中，配备占总功率份额 8%～12% 的燃气发电机组是适当的。根据国外经验，"黑启动"机组必须经过专项审核（包括机组、电网、负荷各个方面）和必要的模拟试验，才能投用。

1. 上海电网诱发的停电机理分析

对上海电力系统的"黑启动"现状进行深入细致的调研，调研，范围涉及电网调度、发电厂、变电站、用户和公共设施，归纳起来，上海电网可能存在三种电灾难状况：

（1）受华东电网严重扰动波使上海电网崩溃。

（2）当对外省联络线和高压直流输电相继跳闸时，因功率缺额过大或继电保护切除故障时间过长，引起系统稳定破坏导致上海电网崩溃。

2. 上海电网"黑启动"方案实施

当系统发生事故，并且证实系统已经瓦解，而且已经确知在短期内无法按照正常方式恢复送电时发生电网大解列事故，机组可以在没有任何电力供应的情况下快速启动，一是向电网中的其他机组供应厂（站）用电，使它们能够重新启动，快速恢复供电；二是在短时间内，保障关键用电设备的电力供应。

（1）"黑启动"方案主要是考虑当上海电网遭遇全黑事故时，将以"某"发电厂燃气机为"黑启动"机组，不依靠外来电源，由其配置的柴油发电机作为启动电源，并按照事先设定的恢复路径对上海电网恢复送电。

上海电网"黑启动"试验成功地以 4×100MW 燃机电厂携带 2 座 220kV 变电站共 100MW 负荷，启动另 1 座 2×125MW 火电厂，并保持稳定运行 6h，试验系统的单机容量为 100～125MW。

（2）"黑启动"范围。上海电网"黑启动"方案共涉及 6 座发电厂的 10 台发电机组、8 座 220kV 变电站的 17 台变压器、11 条 220kV 线路。从路径上主要分向东和向北两条。"黑启动"启动方案中主要操作项目划分为六个阶段实施。

（3）"黑启动"启动形式分为三类。

1）华东电网联络线启动。

2）灰色启动即以事故后仍在运行的孤岛系统为启动电源进行系统恢复。

3）全黑启动，仅当上海电网发生全部停电时，将优先接受华东电网支援，电压等级由上至下实施恢复，选择冲击或零起升压 500kV 联络变压器。

11.4　城市地铁配电形式与安全运行

目前上海已运营有 13 条城市轨道交通（地铁），主变电站一般是由二路 110kV 线路供电，供电三种一次系统接线方式如图 11-1～图 11-3 所示。

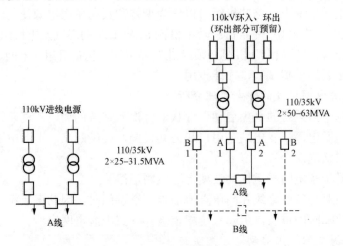

图 11-1　环入、环出带支线接线（一）

注：表示线由此引接出电源，A 线 B 线表示轨道交通线路。

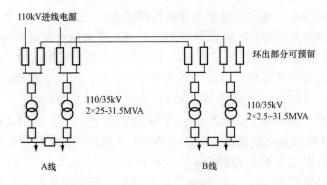

图 11-2　环入、环出带支线接线（二）

配电干线的安全十分重要。文中介绍了地铁配电干线的两种型式，即电缆配电和母线槽配电；分析两种配电方式的优缺点；提出了防止母线槽过载的措施；选用母线槽应注意几个问题。

地铁配电干线安全运行是十分重要的，因为配电干线相当于人的主动脉，一旦发生故障，会使系统瘫痪，甚至发生爆炸、引起火灾。

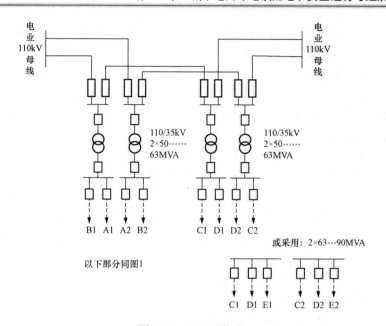

图 11-3　双环网接线

注：个别地区采用、共用线路 4～5 条。

目前采用的配电干线有两种：电缆或母线槽。在母线槽未被推广之前，配电干线都采用电缆。母线槽被人们逐渐认识后，对大容量、高档、重要的建筑的配电干线开始大量采用母线槽了。

1. 电缆配电

影响电缆过载的原因分析。电气火灾中由于电缆过载或短路引起的电缆过载事故占绝大多数，电缆过载或短路由 4 个原因造成的：电缆本身的质量、施工质量、设计容量、负荷故障。

（1）电缆质量。在价格激烈竞争的情况下，有些制造厂采取减少电缆截面、用廉价的绝缘材料、减少保护层等办法来获得中标，对这种电缆媒体已多次曝光，但仍未能杜绝。

也不要盲目相信进口电缆，上海某极重要的样板工程，采用欧洲进口的电缆，用了不到一年，不得不全部更换。

（2）施工质量。施工质量和电缆的寿命有极大的关系，上海某大学的埋地电缆发生爆炸，其原因是铠装钢带埋地电缆施工时，钢带受力使电缆绝缘层受损，加上埋地电缆间未保持间距，因此造成紧挨在一起的三根电缆全部爆炸。垂直敷设电缆更要注意电缆自重引起的损伤。

（3）设计容量。国际铜业协会和国内的电气专家们在不断宣传电缆的经济截面，即加大电缆的截面，减少电缆容量，这不仅是节约电能的好方法，而且是延长电缆寿命的极为有效的措施，但由于涉及增加初期投资，因此进展速度不快。用户任意加大电缆容量也是常见的现象，通常由于设备的增加，也是不得不为之。

（4）负荷故障。任何电气设备都有出现故障的可能，当出现短路故障时对电缆的损伤是很大的。

以上 4 个方面容易引起注意，但还有以下两点未能引起重视：

1）电缆敷设间距。某厂电缆沟内有 100 多根电缆，某天一根绝缘已受损的电缆，在负荷发生短路时引起爆炸，结果造成沟内 100 多根电缆全部烧毁。埋地敷设的电缆施工规程规定：电缆之间要保持至少 0.1m 的间距，目的是保证一根电缆出现故障时，不殃及相邻的电缆。但此条规定在电缆沟内或桥架内电缆时被忽略了。电缆不仅紧靠在一起敷设，而且相互重叠 2 至 3 层。在这种情况下，其中任何一根电缆发生短路爆炸，必然会引起紧挨在一起的其他电缆也遭到同样的结果—短路爆炸。

编者认为电缆沟内或桥架内敷设的电力电缆，其间距至少不少于 $2D$（D 为电缆的外径）。据调查的结果，几乎所有的电缆沟和桥架内的电缆都是紧挨在一起敷设的，在这种情况下，任何人都不能保证每一根电缆都不发生短路事故；一旦其中一根电缆发生短路事故；任何人也不能保证不会使周围的电缆遭殃。

对如此严峻的情况，设计人员采取的消极方法是：降低电缆的载流量至多用到 70%，但你无法阻止用户因电气设备增加而加大电缆的载流量，甚至用到满负荷。即使用户按照设计规定使用电气设备，但在轻负荷工作下的电缆，只要电气设备发生短路故障而在未解除故障前,电缆也会出现超负荷工作的情况；

2）另一个方法是采用可靠厂家生产的保护装置，一旦发生过载或短路就自动切断电源，这在理论上是成立的，但任何电气设备都有损坏的可能，火灾往往就是电气装置失效的情况下发生的。

（5）交联聚乙烯电缆的水树老化。交联聚乙烯电缆因为绝缘性能好，允许工作温度高，有较好的机械强度而受到欢迎，但许多人不知道水树老化会使电缆绝缘击穿。

在电缆制造过程中由外面侵入的极微量的水分在电缆绝缘层中是均匀分布的，但电缆投入使用后，在电场的作用下，受到不均匀电场的吸引，产生极化迁移，逐渐积累而产生局部过饱和状态，形成水树。水树是直径在 $0.1\mu m$ 到几微米充满水的空隙集合。水树和环境湿度也有关，交联聚乙烯电缆在 65% 以上的湿度环境中通电就可以产生水树。

上海电缆研究所的研究证明：含有 CI 离子、SO_4 离子或 NO_3 离子的水，比自来水在同等条件下，水树生长速度要快 3～4 倍。水树存在直接影响到电缆寿命。

为了降低水树的生长速度，在地下水较高及多雨地区，不宜采取埋地敷设，在南方地区黄梅季节电缆沟内容易结露，因此要有通内措施；电缆的入口应有堵水措施，避免雨水流入电缆沟内；电缆沟应有防渗漏措施和排水措施，防止电缆沟内积水。

电缆不应长期在潮湿环境中使用，在施工时要严格防止潮气侵入电缆芯内部，锯断的电缆端头要及时密封。

配电干线可以采用电缆，但只适用于小容量，电缆数量不多，例如普通的六层以下的住宅楼，若使用在其他场所必须注意上述各问题，才能所电缆配电得到安全运行的保证。

2. 母线槽配电

母线槽由于容量大、过载能力强、不会由于故障而引发火灾等优点而受到用户的欢迎，根据调查结果发生短路爆炸的案例也不少。作为一个电气人员，母线槽的选用必须慎之又慎，不仅要选择结构好的产品，还要对制造厂有所了解。尤其是对发生短路爆炸的母线槽从多方面进行了解其短路的原因。

母线槽运行中发生短路爆炸是用户最担心的事，根据上海市有关专家的调查结果，上海已发生多起母线槽短路爆炸事故，有国内产品，也有国外产品。母线槽通电前绝缘测试通常都是合格的，为什么运行时会发生短路爆炸？通常是由于产品设计不合理、母线与钢外壳直接接触、加工工艺不符合规范三方面原因造成的。

（1）产品设计不合理。铝外壳与铜母线之间作刚性固定是造成的原因之一。母线槽的外壳和母线，都存在线膨胀现象。金属材料的线膨胀和组成材料的物质有关，母线槽常用的金属材料有钢、铜和铝，这三种材料中铝的线膨胀系数最大，铜其次，钢最小。

采用铝外壳、铜母线，并且两者之间作刚性连接的母线槽，由于线膨胀系数不同，根据计算（略），连接孔的最大错位可达 2.1mm。

此外还应考虑母线槽连接孔的同心度，以五线制母线槽为例，5 根母线，加上 2 块外壳，共 7 个孔，孔的同心度偏差，加上线膨胀的差异，就有可能产生母线槽与穿芯连接螺栓之间的短路。

为了避免这种短路情况的出现，设计师在选用这类产品时，对产品的要求：外壳和母线应采用同种金属材料，则母线和外壳之间不能作刚性固定，只能作滑动固定。

（2）母线与钢外壳直接接触是造成短路的原因之一。例如采用波状外壳的母线槽，由于外壳呈波状，因此加强了外壳的刚度，被称为高强母线槽，这种母线槽的母线包裹绝缘层后，直接放入波槽中，母线相互间离开一定的距离，由于这种表面或外壳之间仅靠软性的绝缘层隔离，如果母线表面或外壳存在毛刺，母线投入运行后产生的电动力，就会使毛刺顶破绝缘层而造成短路爆炸。

（3）加工工艺不符合要求。大多数短路爆炸是由于加工工艺不符合要求而产生的，这里略举 3 例进行说明。

1）铁屑进入壳体内造成短路。某外资厂，母线槽的机加工和总装处在同一大车间内，这是错误的布局，两者必须分布在两个相互隔离的车间内，才能避免机加工生产的金属屑，由于人员的走动而进入母线槽壳体内。

某重点工程，母线槽安置前，质量监督人员打开母线槽外壳，发现壳体内有大量铁屑，责令工厂返工。事后分析铁屑来源，是由于在母线槽装配时直接钻孔留下的连接面铁屑未及时清除所致。

2）母线毛刺引发的短路。最典型的母线槽毛刺引发的短路，发生在市中心的一座商务楼内，事后检查母线槽的表面有三条小凸痕，原来该厂采用的铜排，轧制时轧辊上的三条凹槽，从而产生三条凸痕，母线槽的连接面由于凸痕的存在，使母线的接触面锐减，母线槽的连接头发热，穿芯螺栓的绝缘层融化，最后导致母线槽相间短路。

3）焊缝凸出造成短路。密集型母线槽和高强母线槽，前者母线紧靠在一起，后者母线与外壳紧靠在一起，因此母线的焊缝如果凸出，就会发生顶破绝缘层而产生短路。

每节（通常为 3m）母线槽采用的母线，不应该采用短料接长的方法，但这种现象在某些工厂是存在的。

母线槽的弯头、三通或四通免不了要焊接，GB 50149—2010《电气装置安装工程母线装置施工及验收规范》第 2.4.6 条规定：“母线对接焊缝的上部应有 2～4mm 的加强高度，角焊缝的加强高度应为 4mm。”然而这一规定在密集型母线槽和高强母线槽中无法实现。

（4）安装不符合规范。母线槽安装不符合规范处很多，以下只讨论与短路有关的内容。

1）潮气进入壳体内不能轻易送电。除了树脂浇注全封闭母线槽外，其他母线槽都不能阻止潮气进入，因此母线槽进入现场后必须放在干燥场所，安装时由一个场所搬到另一个场所时，两处的温差不能过大，否则会产生结露。

母线槽安装环境到通电往往有一段时间，期间潮气也会进入，因此贸然送电是危险的，进入送电前必须测量绝缘电阻。

2）接头部进入安装垃圾。母线槽安装环境往往不是洁净场所，因此安装时必须防止建筑垃圾进入接头内，在接头进行安装封闭前，应该用吸尘器进行清扫。

3）防止母线槽过载的措施。综上所述，母线槽运行中发生短路的原因是多方面的，设计、制造、安装的不正确，都有可能使母线槽产生短路。防治是必要的，但最有效的措施是在产品设计上解决。例如"某"母线槽公司生产的 JDR 全封闭树脂浇注母线槽，这种母线槽间不是用空气隔离，而是用绝缘性能极佳的树脂隔离，包括连接头在内全部用树脂浇注成一体。

某母线槽公司采用的树脂线膨胀系数和铜十分接近，加上这种母线槽无金属外壳，因此不存在因线膨胀不同而产生相间短路可能。

采用树脂隔离的母线，焊逢完全可以符合 GB 50149—2010《电气装置安装工程母线装置施工及验收规范》的要求；由于全封闭，潮气不可能进入母线槽内。

采用母线槽有如下好处：例如用钢壳母线槽取代电缆，可消除电缆着火后会引燃周围可燃物的消防大忌，在采用母线槽作为配电干线时要注意问题：

采用空气型或混合型母线槽，如果母线槽因过载或短路，母线的绝缘层着火，也不会引燃母线槽周围的可燃物，但空气型或混合型母线槽存在着烟囱效应，高层建筑一旦发生火灾，空气型或混合型母线槽会助长烟囱火势的蔓延。

普通型母线槽不耐火，一旦发生火灾，殃及母线槽会造成停电。韩国地铁造成的重大伤亡事故，主要是停电引起的。

普通母线槽不能防水，安装完毕的母线槽，只要其中有一节母线槽进水，母线槽就无法送电，而要在数十节母线槽中找出进水母线槽，拆装工作量是极大的。

钢壳、云母绝缘的耐火型母线槽能耐火但同样怕水，即使施工中未进水，一旦发生火灾，消防水也会造成耐火母线槽短路而停电，耐火母线槽至少要有防喷水的功能才有实用价值。

（5）母线槽的选用。采用什么类型的母线槽，必须慎之又慎，不仅要选择结构好的产品，还要对制造厂有所了解。选用母线槽时从质量和性能角度要考虑如下几点：

1）杜绝母线短路可能性，确保电源不发生因母线故障而中断。

2）过载能力强。

3）阻燃，更具有一定的耐火性能。

在对某公司生产的 JDR 全封闭树脂浇注无外壳全封闭母线槽考察后发现它具有如下特点：

1）它具有密集型双重绝缘母线槽的优点，母线间用绝缘性能十分优良的树脂作为绝缘体，因此它的耐压可达5000V以上；由于母线间隔有一定的距离，母线间包括连接头全部要树脂浇注，因此即使母线存在毛刺，也不可能顶破树脂绝缘层，不会发生短路；这种母线槽由于无外壳，因此不可能发生相地之间短路。

2）由于全封闭，符合外壳防护等级IP68要求，潮气不可能进入母线槽内，这种母线槽允许长期浸在水中，并在腐蚀环境中长期使用。

3）这种母线槽采用的树脂还能保证在-50℃以下时不开裂，这种母线槽采用的树脂还能经受5J（焦耳）以上抗冲击能力，因此无须金属外壳。

4）通过IEC60031规定的90min燃烧试验，因此JDR树脂浇注母线槽可作为耐火母线槽使用。

JDR树脂浇注全封闭母线槽具有耐火、防水、过载能力强、相间不会短路等优点，因此它作为配电干线是较理想的选择。

11.5　错峰用电

电力供需不平衡在相当长时间内仍将会继续存在，在电力基建项目还不能及时跟上电力负荷增长情况下，改变电力供应以满足需求为目标的传统，将供需方用电能力和方式进行综合比较，按最大效率的原则寻求优化方案，使其产生最大社会效益和经济效益。

（1）实施错峰用电方式主要分为三种：自觉错峰、用户或线路强制错峰及电网能力受限错峰。

1）自觉错峰：市场（营销）部门安排大工业用户和普通工业用户在电网负荷高峰时期采取的轮休错峰、日常避峰、紧急避峰等自行压减用电负荷。

2）用户或线路强制错峰：是指用户没有按错峰计划指标压减负荷，由供电部门强行拉闸限电的行为。线路强制错峰指由于超计划指标用电而实行对10kV及以上线路拉闸限电，造成对用户非计划停电。

3）电网能力受限错峰：是指由于受地区调度所管辖网络输送能力的限制，包括受线路、变压器等输变电设备的容量限制及停运影响，地区调度下令断开错峰线路断路器的行为。

（2）实行峰谷分时电价，进一步推动电力需求侧管理的成效。峰谷分时电价是根据用户用电需求和电网在不同时段的实际负荷情况，将每天的时间划分为高峰、平段、低谷三个时段而制定的波动电价。

峰谷分时电价对供求各方面的影响：

1）对电力用户生产企业来说，因错峰用电使用电企业调整生产作业时间，把休息时间调整为非双休息天和轮班制度，高峰时段少用电，低谷时段多用电，而工厂的生产不受到影响。同时，也减少了其高峰时段的电费支出，并降低企业生产经营成本。然而对企业用户拉、限电的次数减少，保证了企业生产能力。而且在高电价的压力下，又推动了企业的节能投入。

2）对供电企业的影响：减小了供电负荷的峰谷差，缓解了高峰时段的调峰压力，在电力供应紧张的情况下，大大缓解了拉闸限电的压力，提高了供电的可靠性和服务水平，有效控制电网潮流分布，保障电网的安全稳定运行。通过开发低谷用电市场，增加售电量，降低电网的单位运营成本，提高经济效益，加速电力市场化的步伐，推进了电力需要侧管理的进度。

3）对发电企业的影响：减小了发电负荷峰谷差，提高了发电设备的利用率，提高了机组运行的安全稳定性；发电单位煤耗有所降低，减轻发电企业的负担。

4）发电、供电和用户三方共赢。实施错峰用电及峰谷分时电价政策可以降峰填谷，对电力用户来说，鼓励其夜间用电，保证了生产量完成并拉大峰谷电价比，而以此来降低用电的平均成本；对发、供电企业来说，由于开发了夜间电力市场，增加了发、供电量，既降低成本又增加收益。抑制电力高峰期的用量负荷，避免电力资源消耗，并使其得到充分地利用。

从总体来看，用户电费支出相应地减少了，使电力供应和需求之间趋于平衡。价格也才会稳定，而最终的受益者是所有的电力用户。保证了企业的生产作业，降低了供、发电方的成本消耗，减轻其负担。

11.6　谐波功率计量付费

据调查，1993 年电能质量在美国引起的损失达到 133 亿美元，而近年来则达到每年数百亿美元（绝大部分是由于谐波功率引起）。电压暂降是当前业界所面临代价最大的电能质量问题之一，美国每年由此所造成经济损失为 120～260 亿美元。

现行（传统）电能计量收费方法采用的仅对基波有功功率积分，但还不够，忽视了低压配电网中的谐波功率问题。本章提出了新的计量方式，对现行的功率因数（$\cos\varphi$）进行了修正，建议在计量有功功率（P）和无功功率（Q）的同时，应计量畸变功率（D）。新的 $\cos\varphi$ 能够反应谐波的影响，这样谐波源用户就应该为其发出的谐波而承担责任，从而提高电网的电能质量。

1. 电能质量的评价

电能质量的评价是比较广泛的概念，一方面从供电合格的角度衡量，称为技术性指标，另一方面从引导用户合理用电等方面衡量，称为服务性指标。

技术性指标包括电压质量、频率质量和供电可靠性三个方面。

电压质量包括稳态质量：谐波、电压偏差、频率偏差、三相不平衡、电压波动与闪变，其主要是由大量使用了非线性元件的电力用户引起的。暂态质量：它包括瞬态过电压、暂时过电压、短时间间断及电压暂降，其主要是由电力系统发生故障造成的。

从供电质量的角度来说，这些质量指标与偏离标准的程度和持续的时间有关。可靠性指标定义为计算期内实际供电时间与计算期总时间之比。频率质量不随用户变化，有电力调度部门调整。

非技术指标（服务性质量）是从供电服务角度衡量电能质量，包括供电部门对到达故障现场时限、恢复线路故障供电时间、计划检修停电提前告知时间等，表示需求侧管理的状况。

2. 谐波分量的产生

随着具有非线性特点的部分新型电气设备，大功率电子设备、以半导体、光学制造和生物医学等为代表的新型精细加工业和制造业的发展，导致电力系统的谐波问题日趋严重，市电很难满足有些企业中一部分（主要是高科技外资企业）对电能质量较高要求，目前他们自备电源变换装置，很遗憾而供电公司只能失去这部分用户。

经调查分析，目前非线性负荷的大量出现致使电力系统的谐波问题、电能质量日趋严。由此引发的纠纷和争议呈上升趋势。本章对电能质量监测方法、评价方法进行分析，具有一定理论意义和工程使用价值。

目前低压配电网中谐波损耗不容忽视。线性用户要为自身吸收的额外的谐波功率付费。那么谐波损耗应由谁来承担？电力部门还是用户？但是传统 $\cos\theta$ 定义是假定负荷是线性并没有考虑畸变功率（D）的影响。

谐波源主要分为两大类：

（1）由整流设备、变频器等电力电子设备。

（2）含电弧及铁磁非线性设备产生的谐波源。

其主要原因是所连接大功率整流设备和中频冶炼炉及高频焊接设备，一般没有采用有效的滤波措施而导致的。同时流经无功补偿电容器的谐波电流要大于谐波源发出的电流。这是由于无功补偿电容器和谐波源并联，对谐波会起放大作用。

谐波给电力系统带来诸多危害，谐波源负荷的数量增长，在低压配电网络中产生了大量的谐波电流，导致设备的发热，造成 P 损耗。对用户、各种负荷设备都会产生有害的影响，而且浪费了大量的电能。

电力用户的各种非线性负荷、冲击性负荷，如电弧炉、大型轧钢机、电力机车和各种电力电子设备等不仅会产生大量的高次谐波，还会导致电压波动、闪变、三相不平衡等新的电能质量问题和严重危害性。

3. 家用电器和商业用电负荷的谐波状况

家用电器和商业用电负荷单个功率都不大，但数量巨大，并且分布广泛，而积聚的谐波含量是相当大的。

（1）家用电器和商业用电负荷的检测波形。从计算机和变频空调器电压电流波形和谐波电流频谱中可看到电流中含有大量三次、五次谐波。电流波形比电压波形畸变严重得多，这是因为在用户母线侧的电压不仅仅是由注入系统的谐波电流决定的，而主要是由系统阻抗和用户阻抗共同决定的。但是实际中，电压波形一般是接近正弦的，电流畸变的非常严重。

经测量几种常用家用电器的电流总畸变率（%）：计算机 129%，彩色电视机 79%，变频空调 46%，变频冰箱 97%，音响 68%。同时城市中较大的电力用户如办公写字楼、商场、医院、大型超市等的谐波信息从电压电流波形、各次谐波电流含量发现电流总畸变率（%）较大。

（2）中性线电流。系统中由于计算机和其他非线性负荷的增加，造成了中性线中三次谐波电流的增加。配电网中中性线电流经常被认为是三相不平衡造成的。但从某商业写字楼中性线谐波含量中看到在含有大量计算机负荷的配网系统中，即使三相电流平衡时中性线电流也很大，它表明中性线电流中三次、九次等零序谐波含量很大。

单个单相负荷（如计算机、彩电等）的功率很小，在配电母线上不会产生电压或电流的畸变。但是，随着这些负荷数量的增加和功率较大的非线性负荷（如可调速的加热泵、电瓶车充电器）的使用，聚集的谐波将会变得更加显著。更重要的是大量的三次谐波电流增加了线损，并降低可用容量。当系统含有大量计算机负荷为避免烧毁中性线，所以在中性线上加 PE 线构成三相五线制尤为重要。

（3）谐波功率分析。

低压配电网中的谐波计量问题一直不受重视。非线性负荷产生的谐波电流注入系统会影响电力设备，它使变压器和线路产生附加的损耗，并能使变压器过热和过负荷。谐波电流在系统中流动，谐波潮流方向使各负荷消耗的功率发生了变化。以计算机负荷为例说明。

非线性负荷向系统反馈谐波功率，而线性负荷由于电压的畸变而吸收谐波功率。这样，非线性负荷测量到的消耗功率为小于负荷实际消耗的能量，这是由于非线性负荷向系统反馈谐波电流的缘故。这些谐波电流引起线路和变压器的损耗。

这些谐波功率是由谐波源产生的，应该由谐波源用户来承担，也就是说，谐波源用户应该为他们注入系统的谐波电流额外付费。线性负荷测量到的消耗的功率为线性负荷吸收了额外的能量，但问题是线性用户是否真正需要这些能量？谐波功率大部分被线性用户和系统所消耗，产生热量。非线性用户实际上消耗的功率是基波和谐波的代数和。故应该为这部分损耗付费。因此，建议应该对基波功率和谐波功率分开计量。

实际中，大部分地区电压畸变率都在规定的范围内，误差都很小。但电流的畸变都很大，大量的谐波电流产生了大量的 D，事实上也能引起附加的损耗，降低系统的可用容量。D 在本质上就是 Q。

需要说明的是，正是由于像计算机这样的非线性负荷的大量使用，其在低压配网中计量点众多，负荷数量巨大，电力部门对这些负荷一直难于管理。

当考虑谐波电流时，家用电器的 $\cos\varphi$ 很低。这意味着系统中有更多的无功电流在流动，影响电能计量的正确性。计量的误差主要是由于忽视了 S 中的 D 造成的。现行的计量方式能够精确的计量 P 和 Q，但是都忽略了 D。在这种计量方式下，S 小于真实的视在功率值，这种情况下对用户是有利的。传统的 $\cos\varphi$ 校正的概念是假定负荷具有线性的电压、电流特性，并且忽视了 D。在这种假定下，$\cos\varphi$ 为位移功率因数 DPF，它能从传统的功率三角形的方法计算得到，其算式为（式中 kW 和 kVA 只包含基波）

$$DPF = \frac{P}{\sqrt{P^2 + Q^2}} = \cos\varphi \qquad (11\text{-}1)$$

系统中由于非线性负荷引起的谐波电压、电流畸变改变了 $\cos\varphi$ 的值，这应该被合理的计量。真实的功率因数 TPF 是由 P 和总的 S 的比值来定义

$$TPF = \frac{P}{U\_I\_} = \frac{P}{\sqrt{P^2 + Q^2 + D^2}} = \cos\varphi \qquad (11\text{-}2)$$

式中：S（kVA）包括 D。总的 S（kVA）是由电压和电流有效值的乘积得到的。它的值显然比仅含基波功率时的 kVA 的值大。按照传统的 $\cos\varphi$ 定义，计算机的 $\cos\varphi$ 近似为 1。但按照新的 $\cos\varphi$ 定义计算时，其 $\cos\varphi$ 值近似为 0.61。当系统中有谐波电流时 $\cos\varphi$ 就要降低。

4. 限制谐波电流措施

为了减小电容器对谐波电流的放大作用，过去比较普遍的做法是在电容器组中串入调谐电抗器或者是并联 LC 滤波器。从实际的效果来看，两者都存在着一定的不足，在电容器组中并入电抗器将会影响无功补偿器的容量，降低效率。LC 滤波器，实质上由几组单调谐滤波器和高通滤波器组成，它的缺点在于，补偿特性受电网阻抗和运行状态影响，易和系统发生并联谐振，导致谐波

放大，使滤波器过载，甚至烧毁，另外它只能补偿固定频率的谐波，补偿效果也不理想。

谐波电流增加了系统损耗并影响了电能计量的正确性。特别是零序谐波引起中性线过负荷，对系统造成伤害。当采用以有功功率的积分的方式对谐波源用户收费时，将对线性用户产生不公平的收费。建议在谐波严重的地区进行基波功率和谐波功率分别计量付费，减少谐波污染。谐波电流产生了大量 D 使系统 $\cos\varphi$ 降低。$\cos\varphi$ 对大部分工业用电客户来说还是很重要的，因为对客户的奖惩措施是根据 $\cos\varphi$ 来制订的。因此，使用 TPF 来计量在谐波情况下的 $\cos\varphi$，这样谐波源用户能够受到相应的惩罚，而非谐波源用户能够得到补偿。

对现有的普通低压无功补偿电容器组，由于并联在谐波源上，会对谐波电流进行放大，因此必须加装谐波滤除装置，以保证通过电容器组的谐波电流不至于过大而烧毁电容器。

对于新增电力用户，尤其是非线性电力用户，除需考核其 $\cos\varphi$ 指标外，还需对其可能产生的电力谐波情况进行实时监测，对注入电网谐波电流超标的电力用户，限期增加谐波滤过装置，实现"谁污染谁治理"原则，促使新增用户不对电网构成严重的电力谐波污染，降低不明损失，使系统安全可靠经济运行。

第三篇

运行与事故分析

第**12**章

周界防盗报警系统应用

为了实现和达到变电站周边治安环境良好，确保安全，必须根据每一个变电站的地理位置、人文环境、规模大小、建筑结构、设备配置、标准要求、特色风格、建设与之相适应、相协调、先进的、实用的周界防盗报警系统（由前端探测器、传输通道、终端监控器、报警联网、可视对讲五部分组成），为变电站的安全运行保驾护航。

按照每一新站建筑平面图及安全防范等级的要求，为使系统发挥最大的监测、防范功能，对实施方案本着先进、实用、灵活、经济、可扩展、高可靠、标准化、易维护、可与区域报警中心联网为设计的基本原则。

为防止外来人员非法入侵，主要考虑在整个变电站的入口、围墙上设立双光束主动红外线探测报警器，一旦有人通过周边围墙非法闯入，探测系统会自动向监控室报警。在力争做到无死角，对射覆盖面广的基础上，使设计合理并达到最优化。使用该系统大大降低所需警卫人员数量。

目前市场上销售的防盗报警设备较多，本着从性价比和可靠性角度考虑，同时兼顾到功能完善和操作简化的要求，系统的关键部分全部采用知名厂家的产品。

12.1 工程设计参考标准

（1）接地方式、供电、线路敷设，系统采用综合、独立接地并与变电站接地相连，接地电阻小于4Ω。

为使系统运行可靠，系统负荷为一级负荷，以集中供电、集中控制站用变压器电源供电原则。传输通道及线路敷设以绿化带、电缆沟、电缆竖井为主通道。

（2）运行期内随时接受用户的电话通知并提供服务。一般响应时间在 24h 内，突击抢修时间在 12h 以内赶至现场负责免费保修。

（3）工程设计参考标准有：公共安全行业标准、安全防范工程、程序要求、入侵探测器、主动红外入侵探测器、防盗报警控制器通用技术条件等。

12.2 三座典型变电站报警系统特点

三座典型变电站周界报警系统配置见表 12-1。

表 12-1 三座典型变电站周界报警系统配置表

站名	投运日期	前端探测器	传输通道	终端控制器	报警联网	可视对讲
惠南站	2003.6	日本主动红外 PULNIX-30/100TK 加拿大 PARADOX-526D 公安部三研所 NZH-2002J	总线 RVS× 1.5 mm² 数据总线 RVVP6×1.5 mm² DV12V 总线 RVV3×1.5 mm²	美国 ADEMCO VISTA-128B * CK2316 * CK2308	与受讯中心	深圳视得 SD-880 SD-980R *HID-5355/8A
花木站	2003.11	美国圣力普 SAP-800 彩摄双束射 2PH-60b	多芯电缆 0.5mm²，电缆 1.0mm²	SB-915 主机	与区域 110 中心	华虹公司门禁读卡机
罗山站	2005.12	中国台湾艾礼富 ABT-50/100/150 三光束红外对射	多芯电缆 1.5 mm²，电缆 1.0 mm²	VISTOR-120	与区域报警中心	同惠南站

* 其他变电站采用的有代表性的设备。

1. 220kV 惠南变电站

该站占地面积 29600m²（长 196.03m×宽 151m），属中型规模集控站，由开关（断路器）控制楼、220kV 户外配电装置、110kV GIS 楼等组成。建筑楼均呈坡顶结构，为全实体围墙。

（1）系统概述。在站的外围围墙上安装 NZH-2002J 智能型阻挡式电子探测器，即在围墙上架设四根高压脉冲线缆，对非法攀越者进行阻挡和威慑，并在主出入大门上沿和两个次出入口大门的上沿采用主动红外探测器封闭形成第一道防线，设四加三防区。并在外墙上设置警示牌严禁攀登。

控制楼外侧窗采用红外探测器封闭形成第二道防线，二防区；控制楼内一层主通道、楼梯、门厅采用被动红外双鉴探测器封闭形成第三道防线，二防区。

防区类型的设置方案：不影响进站工作的周界防区，采用 24h 布防类型；进站主通道大门内探测器防区，采用延时布撤防类型；其他室内的防区，采用即时布撤防类型。

在主出入口大门外侧设置对讲门铃室外机给值班人员相关提示。

（2）主要设备配置。

1）终端控制主机：VLSTA—128B。

主要功能：全站 128 个防区接入总线制，主码可布防/撤防所有子系统，真正的 8 分区子系统，支持多达 16 个可监控键盘，可提供分系统共用区，警铃输出控制，更大的报警事件信息库（可记忆 100 个报警事件），Follow me 报警信息提示，内置拨号器与报警中心通信，信息检索，可通过键盘或电话线进行遥控编程，监听功能，可自动摘机，不影响电话或传真机，详细的防区状态描述，多种布防方式，具有单键火、匪警、医疗求救报警功能。

2）智能型阻挡式电子探测器：NZH-2002J。

基本特性：7A/h 电池提供约 6h 备用电源 1.2A 电池的 UPS，85-265V 交流供电，监视控制器、高压发生器故障显示，起动报警警笛、紧急灯光或其他本地紧急信号，断线位测试精度为测试值=实际值×（1±1%）±2m，功耗约为 30W。运行特性为无脉冲报警测距：3s，报警反应：在三个无效脉冲后，报警撤销。

3）主动红外探测器。适合全天候户外使用，防雨、防雾、防霜。备有上罩保护，避免霜雪堆积，阻碍红外线探测。抗强光达 50000lx。内置自动调节强光过滤系统，避免受强烈阳光或汽车灯影警。全密封设计，防水及防昆虫干扰。当浓雾或天气恶劣时，探测器会自动增强灵敏度。内置 180°水平旋转，方便安装时调节角度。备有安装瞄准器，安装容易。

4）双鉴探测器。功能：超声波/红外线双重探测器鉴证，减少误报。垂直向下保护红外线脉冲数可调，微波灵敏度可调，数码化信号过滤系统，抗荧光灯干扰、线片，自动温度补偿，报警记忆功能，可遥控断路器报警显示灯，SMD设计探测距离：12m×12m。

5）可视对讲系统。一对一可视对讲系统，安装使用场所为主出入口与监控室之间的呼叫联络、和开门、关门。

可视对讲室外门口机、室内分机包括带红外补光的 1/3 英寸摄像头、电源、对讲机。传输通道由多芯护套线组成。系统具有双向通话、观看来访人容貌（即可通过声音图像两种方法识别访客身份），以决定是否开门、开锁等功能。主设备配置清单见表 12-2。

表 12-2　　　　　　　　　　可视对讲系统主设备配置清单

设备名称	型　　号	产地	单位	数量	安装位置
报警主机	ADEMCO　VISTA-128B	美国	台	1	控制室
双鉴探测器	PARADOX　526D	加拿大	只	2	控制楼一层
主动红外探测器	PULNIX　PB-30/100TK	日本	对	4/2	三个大门/控制楼外墙
紧急报警按钮	CK	美国	只	1	控制室
阻挡式电子探测器	NZH-2002J	上海	套	4	围墙
可视对讲机	SD-980	深圳	套	1	大门控制室

6）报警主机：VISTA-128。简要操作说明分：系统设防、密码设防、系统进入设防状态、快速设防、系统撤防、单一防区旁路、多防区旁路。

2. 220kV 罗山变电站

罗山变电站占地面积 5667.75m² （长 114.5m×宽 49.5m）.目前是开关站（无变压器仅作电网联络），主要由开关控制（变压器）一栋楼。预留高压电抗室（是上海浦东电网重要开环点），防护等级较高，围墙为透空形式。

（1）系统功能。在站围墙周边配装报警系统，具备防闯入的防范功能。24h常由运行人员监视警情发生。监控室内设控制主机，通过电话线可与区域报警控制中心联网，一旦出现警情，门卫室可立即得到区域中心支援。

系统分 8 个防区，共采用 6 对主动红外探测器。两个出入口处为第一、二防区，各配置 1 组主动红外入侵探测器；其余每个防区均配置 1～2 组对射。当有人入侵并遮断 8 个防区中的 6 对探测器任一对的光束时，探测器立刻将报警信号传达到控制中心及区域中心报警，同时有声、光报警提示警情发生。

（2）前端探测装置采用 6 对进口双光束主动红外线探测器，安装在周边围墙。

（3）安装规定。

1）探测距离应以 100m 以内为宜。

2）采用交叉安装的方式，即将同一处安装两只指向相反的发射或接收装置，间距为大于或等于 0.3m。

3）安装在围墙、栅栏上端时，则最下一光束应与围墙、栅栏顶端保持 150MM的间距。安装在侧面时，围墙栅栏保持 150～200mm 的间距。

（4）主要功能。

1）系统具有紧急报警功能、线路故障报警功能。

2）系统配置专用电源、解除与恢复受警功能、电源转换功能。

3）系统具有过电压运行功能、备电功能、欠电压报警功能。

（5）主动红外对射探测器。

工作原理：主动红外探测器的发射机发出一束经调制的红外光束，被红外接收机接收，形成一条红外光束组成的警戒线，当被探测目标侵入该警戒线时，红外光束被部分或全部遮挡，接收机接收信号发生变化，发出报警信号。安装方便，价格便宜，适用于整齐、折弯少的围墙。

（6）终端控制主机：VISTOR-120。产品说明及规格：

1）9 个可编程基础四线制防区，3 个紧急键盘，挟持防区，防区可扩展到最多 128 个，内置拨号器，报警时自动拨号报告，远程下载：使用遥控编程软件，自身具有简单的门禁功能，可以实现时间表实时控制功能。

2）个子系统及 3 个公共子系统，相当于 8 台相对独立的主机，可选择使用布撤防锁或无线遥控按钮控制，可通过遥控编程下载或直接从键盘上查看，可设置出入及周边防区响铃警示，留守及快速布防时自动旁路内部失效防区，报警监听及视频核实功能。

（7）三光束红外对射探头：ABE-50/100/150。

1）产品说明。全密封防雨（雾）、防尘（虫）等的一体化结构设计使其能在恶劣的环境中正常工作，当遇到浓雾或天气恶劣时探测器会自动增强灵敏度，步进式精密微调，使校准更精确，独特的数字滤波电路设计，磁簧开关、磁簧继电器和传感器拥有世界上最先进的传感技术和保安产品制造技术，四段频率可选，杜绝串扰，感光余裕度达 99%，防雷击电路设计。设备主要清单见表 12-3。

表 12-3　　　　　　　　　　　设 备 主 要 清 单 表

型号	名　称	产地	数量	单位	技术参数
ABE-50/100/150	主动式红外探测器	中国台湾艾礼富	2/2/2	对	室外三光束，全数字式红外线探测器 50/100/150m
VISTA-120	报警主机	ADEMCO	1	台	多功能型主机带 8 个子系统可扩充至 128 个防区

2）测试仪器名称、型号数字万用表/HZ1942、数字直流电压表/PZ67、数字绝缘电阻表/PC40。

（8）*A 终端控制主机：CK2308/CK2316（美国）。

主机及回路扩充器与 12 对主动红外入侵探测器构成 8 个连续的防区，控制中心值班人员对 SB-954 读卡机进行刷卡操作。警情通过通信电话线，经 PSTN 电话网实现联网报警。

八防区微机控制、键盘编程。发生警情时自动拨打移动电话报警与 110 报警中心联网。操作键盘密码进行布防/撤防。编程简单：主叫号、被叫号、地址码、密码、延时报警时间、布防/撤防方式可由用户随意自行操作设定。

非接触式读卡器：HID—5355/8A（美国）读取卡内数据，处理后传至控制主机。读卡器配有个人密码键盘，用户可设置读卡加个人密码开启门禁方式，配有声光提示，系统集门禁、防盗报警于一体。具有身份识别功能，代表着未来趋势。

（9）设计指导思想、符合国际发展潮流的特性化设计，完整的围墙系统的布线、安装、调试、试运行、测试、验收的"交钥匙"工程管理制度，符合 ISO-9000

标准的质量控制体系，设计中遵循原则：

1）可靠性：设计、选型、调试、安装等都严格执行国家、行业及公安部门安全防范要求。

2）独立性：直属保卫部门一体化管理的独立体系，减少其他系统造成干扰。

3）安全性：程序或文件要能阻止未全防卫级别，硬设备有防破坏报警功能。

4）兼容性：新增系统应有与原有的安防设备良好接入及匹配能力。

5）扩充性：根据站的安防特点，结合工程要求，有较大的扩充余地。

6）实用性：操作简单、快捷、环节少，在各种可能发生的误操作下，不会引起系统的混乱。

7）标准化：设计和施工按照国家标准规范进行，以保证质量。

8）经济性：做到合理实用、降低成本，有较高的性能价格比，运营成本低。

（10）门卫室基本要求。门卫室温度应为 16～30℃，相对湿度为 30%～75%。必须安装紧急按钮并且与区域报警控制中心进行一级联网；具备直通电话，门卫室作为整个安保系统的中心，应安装读卡门禁系统并采用较高的出入控制级别的进出门电控锁及闭门器，防止闲杂人员出入。

（11）管线敷设方案、系统布线原则为室内布线用 PVC 管暗敷；室外布线用镀锌铁管埋地敷设，埋地深度不小于 300mm，周界围墙布线用 PVC 管暗敷。穿线截面不得超过管子截面的 40%。配管、配线施工工艺均应符合 JGJ16－2008 民用建筑电气设计规范的要求。

3. 220kV 锦绣（花木）变电站

该站为受控站。占地面积 5739m²，由变压器楼、断路器控制楼、电抗器楼等组成。围墙由实体和透空两部分组成，因站地处交通要道，周边治安情况复杂故安全防护等级极高。

（1）系统包括。楼宇区域管理的通道出入、门禁、防盗监控系统，可与本地区 110 报警中心联网的报警信号传输系统及其他子系统。包括中央管理控制设备、读卡设备、微波双鉴探测器、摄像设备，同时还包括显示记录设备（显示器、数字硬盘录像机、一体化摄像机等）。采用分散式处理技术，可以采用多用户多任务方式进行信息存储、进出控制、报警报告、报告分析以及图像切换等功能，以便在出现紧急情况的时候可以及时处理。

（2）设计特点。系统采用最新的影像压缩技术，最高的影像压缩率，最长录像时间的全实时硬盘录像机，该机图像显示清晰，无延迟，系统性能稳定，可随意更换硬盘，保证系统的延续性。

（3）主要功能及等级。

1）与报警系统联网，发生报警触发录像并自动弹出报警区域摄像机图像。

2）在控制室可以切换看到所有图像。在切换过程中感觉不到图像间干扰。

3）图像资料不能人为删改，以保证图像的真实性。

4）系统可任意选择某个指定的摄像区域，便于重点监视或在某个范围内对多个摄像机区域做自动巡回显示。

5）数字硬盘录像机具有多重定时方式，三种录像方式，五种画质可调，断电后自动恢复功能。

6）根据需要可以在必要场所设置分监视器，以观察各监视区域各种情况。

（4）设备特点。

1）具有电视图像复核为主、现场声音复核为铺的报警信息复核系统。

2）设有出入口控制、周界报警系统，设置不间断电源。

3）用户终端可和上一级报警接收中心联网，使现场获得报警指挥系统支持。

（5）布防点的设计说明。本系统根据使用功能划分为三大防务区：范围为围墙四周 8 个防区，信号传输：经由电话线直接传输；接警响应时间小于 20s。

1）基本防范区，为防止外来人员非法入侵电站，在电站周边的围墙上设立中国台湾产环进双光束主动红外线探测器，一旦有人通过围墙非法闯入，红外探测系统会自动向监控室报警。

2）楼宇公共区域防范区，主要是对断路器控制楼公共区域、楼道、出入口等区域安全防范。

在主工作区设置门禁控制系统，主出入口墙面上设置红外/微波双鉴探测器，当有人非法侵入该楼后，通过探测到人体的温度来确定有人非法侵入，并将信号传输报警。值班人员也可以通过程序来设定探测器等级和灵敏度。由于采用红外/微波双重技术，利用这两种探测方式不同的特性相互印证，较好地解决了漏报和误报的矛盾，克服单红外探头易受温度干扰缺陷。

3）禁区，主要是通信机房、监控室继保室等重要部门，对这些部门除通道内采用门禁控制、红外/微波双鉴探测器、摄像监控外，室内增设紧急报警求援系统。

4）各主要部位设置：

① 4 台美国圣普力（SAP-800）高速彩色快球摄像机。

② 4 台美国圣普力 SAPLING（SAP800-460L）彩色高清晰度摄像机组成的电视监控网络。

（6）系统组成、系统功能、技术指标基本同罗山变电站。

1）控制主机采用 SB-951、读卡机采用 SB-954。

2）Event Server 数据服务器：同计算机数据交换和对单门控制器 PDC 或 PLUS 的管理。

3）单门控制器：采用 RS485 总线传输数据，传输距离达 1.2km。控制一个门的出/入。

12.3　工程案例小结

通过分析比较三座典型 220kV 变电站的不同周界防盗报警系统的前端探测器、传输通道、终端监控器、报警联网、可视对讲五部分的设计、施工工艺、设备性能、和实际应用，得出的初步结论为：

（1）必须根据每一个变电站各方面的实际情况，选择最恰当产品。

（2）设计理念必须更新、更合理、更实用。设计、安装人员应回访用户，了解产品性能、特点、使用情况。

（3）设备运行初期不够稳定，软件系统和元件本身故障比较多，经常发现围墙布线被围墙外风吹拉断，树木枝叶飘到线路上，经常误报警，维修、检测工作量比较大。

（4）周界防盗报警可与变电站的设备使用工业闭路电视监视系统一并设计。

第13章

PM695 焦平面红外测温新技术应用

随着电力设备检测技术的发展，PM695 焦平面红外热像仪集先进的光电子技术、红外探测器技术、红外图像处理技术于一体，具有测温速度快、灵敏度高、测温范围广、形象直观、非直接接触、不干扰被测设备运行等优点。是目前热故障诊断和检测领域对载流导体发热测量最为先进有效的手段之一，可以代替过去常用的检测方法。对输变电设备安全运行起到了保驾护航作用。

运行中的电气设备载流导体发热主要分为两大类。

首先是设备外部连接处的接头发热，其次是设备自身缺陷引起的发热，另外还有一些不明原因引起的发热（大约分别占电气设备总的发热 60%、30%、10%），其结果都会降低设备的绝缘水平。载流导体的发热是受负荷大小，设备材质，气候条件（尤以迎峰度夏和迎峰度冬期间为甚，此间因大负荷等原因系统要求全接线全保护运行），环境因素等多方面的影响。

13.1 导体发热检测技术

应用红外线诊断技术对带电设备的表面温度场进行检测和诊断，发现设备的缺陷和异常情况，为设备检修提供依据，为开展设备状态维修创造条件，提高设备运行的可靠性，解决电流，电压致热效应问题。随着应用经验积累还可以积极推广到判断断路器接触电阻是否超标，避雷器电导电流异常变化及其他方面。

（1）载流导体异常发热的原因。电气设备回路上的连接部分（通常称为接头）很多，并且正常运行时均带有高电压，大部分的接头连接装置离地很高，人们很难接近，又不可能全部用示温蜡片来监视，故其接头发热和自身缺陷引起的发热比较普遍，也较难处理。

（2）引起接头发热的主要原因。

1）产品质量差，设计不合理。

2）接近或超负荷运行。

3）加工（检修）工艺不符合要求。

4）接触不紧密。

5）纯化和清化工作未做好。

（3）运行以前采用的检测的方法。

1）采用示温蜡片监视接头温度的变化；检查示温蜡片的棱角、位移、下坠、表面是否发亮、点滴、风化程度（缺点不能准确反映发热点的温度实际情况）。

2）用蜡棒测试接头温度是用来校对接头发热后示温蜡片熔化的临时检查。

3）观察接头上是否有气流和水蒸气及冒烟现象，适用于夜晚熄灯后检查。

4）用γ射线自动探伤仪检查导线压接管内部接触情况，一般用在输电线路。

5）用红外点温仪（早期产品）测试接头温度（缺点测量距离近，不够准确）。

6）用轴流风扇吹局部发热部位（效果明显，临时救急用）。

7）传统的每周一次夜晚熄灯后检查的方法。

13.2　红外技术发展和应用

红外技术是 20 世纪发展起来的新兴应用技术，与紫外线同属电磁波谱范畴，红外技术是随着红外探测器的发展而发展的。红外热成像应用技术始自军事 20 世纪末，我国将红外热成像技术发展到民用。

在一切物体的运动和生产过程中，热和温度的变化无处不在，生产中的温度控制与监测比比皆是。各种设备的缺陷可归纳为以下各种状态，即磨损、疲劳、裂纹、变形、腐蚀、剥离、渗漏、堵塞、松动、熔融、绝缘老化、粘合污染、异常振动等。这些状态的绝大多数都直接或间接地和温度变化有关，而这种温度变化往往不能使用常规的接触测温方法检测，只适合于非接触的红外测温。

红外诊断技术是一种利用红外线技术了解和掌握设备在使用过程中的状态，早期发现故障及其原因，并能预报故障发展趋势的技术。

（1）PM695 焦平面红外测温装置的三个主要概念简介。

1）红外线概念。红外线是一种电磁波，其波长在 0.75～1000μm（1mm），又可分成近红外线（0.75～3μm）、中红外线（3～6μm）、远红外线（6～15μm）及极远红外线（15～1000μm）。PM695 焦平面红外测温装置采用极远红外线范围。

2）黑体概念。自然界中任何物体只要温度高于绝对零度（−273℃）就会产生电磁波，有温度的物体发出的辐射电磁波称为辐射波。理想辐射体称为黑体，黑体总热辐射随温度的四次方迅速增长。在自然界中完全的黑体是不存在的，物体与黑体辐射的偏离称为放射率（E），它表示实际物体辐射功率与黑体辐射功率之比值，$E=1$ 为理想黑体，$E=0$ 为完全透明体。

3）大气窗概念。由于物体所发出的热辐射在到达测量系统的过程中要穿过大汽，红外线通过大气也要受其影响，表现为衰减状态，主要是来自气体分子的尘埃的吸收与辐射。在接近地面的大气中，吸收红外线的气体主要是水汽（6.3μm）和二氧化碳（2.7μm）和吸收带（15μm）。我们将红外线波段在大气中透射较好的波段称为大气窗口，它们分别为 1～3μm、3.5～5μm 和 8～14μm。PM695 焦平面红外测温装置中的红外线热像仪使用的波段为 8～14μm。

（2）红外线检测器。红外线检测器主要有量子型（光导电效果）和热感型（热导电效果）两种。要评估检测器性能的好坏，可以用比检出能力 A、感度 B、响应速度的时间常数 T 等三个指数来评估，A 及 B 愈大愈好，T 则以小为佳。

（3）红外线热像仪。在既时表面温度的测量上，红外线热像仪是一种快速有效的方法。物体的温度不是直接测量到的，是红外线辐射能投射到热像仪上。表面的温度是从测量到的辐射能计算出来的，红外线检测器接受到的辐射能，不仅来自物体，也来自物体周围环境、大气层及热像仪本身。PM695 焦平面红外测温装置在红外线热像仪的功能方面很完美。

13.3　检测案例分析

上海地区电力公司最近 20 年来采用 PM695 焦平面红外测温装置在迎峰度夏期间检测出大负荷运行时设备外部连接处的接头发热和设备自身缺陷引起的发热及时安排停电处理，避免了许多事故。

采用 PM695 焦平面红外测温装置在异常温度计算中根据经验和规律目前我们采用最简单的相对比较方法，即同一设备的三相温度比较，相同设备之间的温度比较。

（1）1998 年 9 月南桥换流站直流双极大（满）负荷试验期间，发现并采取措施及时处理的有：

1）极 1 1 号平波电抗器有一个螺栓连接处温度高达 81℃，2h 后达 109℃。

2）极 2 阀侧直流滤波器顶部东北侧电容器接头温度为 131℃。

3）极 1 换流变压器 20016 变压器隔离开关 C 相温度高达 141℃。

4）极 2 换流变压器 20024 副母隔离开关 C 相温度高达 140℃。

红外测温在南桥换流站进行额定容量考核试验时起的作用是有目共睹的，正因为有了这种先进的检测手段，才避免了一些可能发生的设备损坏事故，从此红外测温的作用在上海地区得到重视，越来越显示出它的重要价值。

每年的夏季高温来临之前用红外测温在各变电站循环使用，进行普测，收到良好的效果。

（2）从 2003 年 3～6 月上海地区对 50 座变电站的测温发现异常温度点有 76 条，其中紧急、重要缺陷 28 例及时进行处理，15 个检测点的温度大于 70℃ 报计划停电处理，温度异常未及时处理的进行测温跟踪。

1）架空线路设备发热检测。

如图 13-1 所示，南桥变电站 2003 年 5 月 5 日极 1 满负荷运行上午 11 点测得极 1 换流变压器隔离开关 20016 变压器侧线路 T 字夹 117.8℃。5 月 6 日停电处理后恢复正常。

如图 13-2 所示，2003 年 5 月 19 日测得石渡 5104 线 76 号塔 A 相受电侧 1 号线接点温度为 171℃，当天 1h 测温一次，没发现温度持续升高，B 相送电侧 2 号线接点温度为 67℃，紧急申请停电，于 5 月 20 日进行检修处理后复测温度已正常。

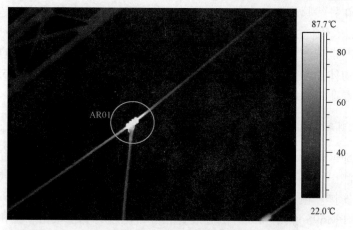

图 13-1　南桥站线路检测

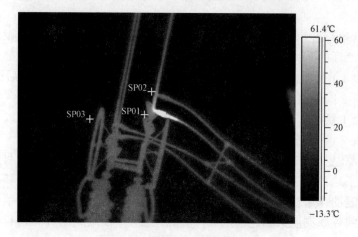

图 13-2　石渡 5104 线线路检测

2）变电设备接点发热检测。

如图 13-3 所示，泸定变电站 2003 年 8 月 7 日测得 220kV 旁联旁路隔离开关 C 相刀头（母线侧）为 134.9℃，第 2 天复测为 154.5℃，于 8 月 8 日调换 B 相刀头，A、C 相大修。

如图 13-4 所示，高东变电站 2003 年 9 月 15 测得外高 2163 副母隔离开关 B 相刀头 168℃，负荷电流 200A，9 月 27 日调换后恢复正常。

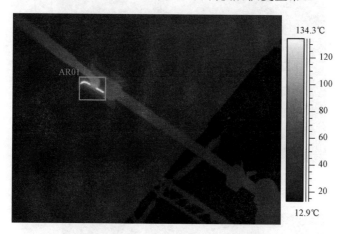

图 13-3　泸定站隔离开关检测

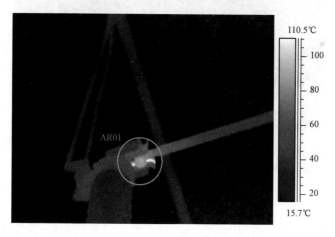

图 13-4　所示高东站隔离开关检测

如图 13-5 所示，海陆变电站 2003 年 8 月 18 日 测得陆德 3220 正母隔离开关仓内套管母线侧接头螺栓发热 A 相为 115.6℃，电流为 204A，8 月 19 日已处理。

143

如图 13-6 所示，三庄变电站 2003 年 8 月 25 日测得庄松 4132 断路器穿楼套管下桩头 A 相为 61.7℃，发热原因为螺栓稍有松动，结构不合理，电流为 490A，8 月 26 日处理后恢复正常。

图 13-5   海陆站隔离开关检测

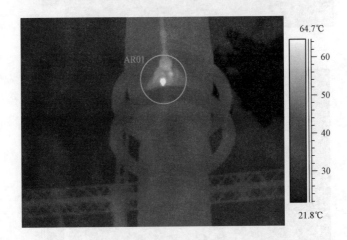

图 13-6   三庄站变电断路器检测

如图 13-7 所示，三庄变电站 2003 年 8 月 2 日测得 35kV 1 号电容器乙组 C 相 71.8℃，电流为 1660A，9 月 15 日复测为 120.1℃，发热原因为套管内铜杆接头未压紧，8 月 16 日由厂家进行处理。

如图 13-8 所示，高东变电站 2003 年 8 月 20 日测得 2 号主变压器 35kV 穿墙套管 A 相第一只套管铜杆 117℃，C 相 71.8℃，电流 1660A，9 月 15 日复测为 120.1℃，电流为 1550A，10 月 7 日已处理。

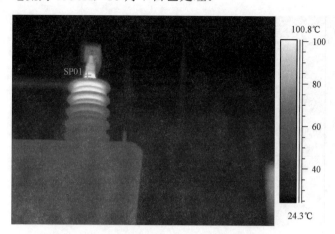

图 13-7　三庄变电站电容器组检测

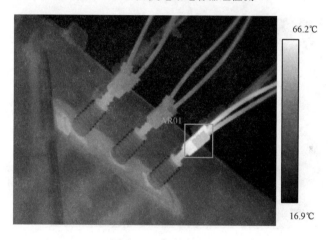

图 13-8　高东变电站

3）变电设备内部故障发热检测。

如图 13-9 所示，杨高变电站 2003 年 6 月 6 日测得杨南 2144B 相耦合电容器下节 36.1℃、上节 31.8℃，上下 2 节的温差达 4.3℃。发热原因为介质损角超标，上节为 0.203，下节为 0.639。6 月 13 日进行调换。

如图 13-10 所示，长春变电站 2003 年 11 月 5 日测得 2 号主变压器 35kV 断路器 C 相 38.4℃、B 相 27.9℃、A 相 28.1℃，电流 700A，下节左上角的温度偏高明显。环境温度为 22℃，C 相的温度较 B 相、A 相高出 9.5℃。发热原因为接触电阻超标：A 相为 81℃，B 相为 70℃，C 相为 166℃。立即调换 C 相断路器作解体分析。

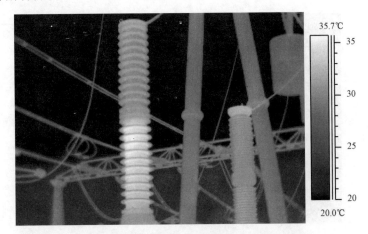

图 13-9　杨高站变电设备内部故障引起发热

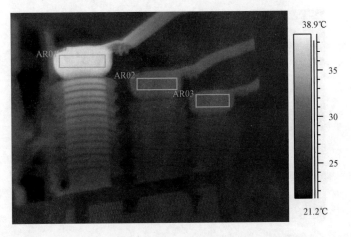

图 13-10　长春变电站变电设备内部故障引起发热

（3）从测温图分析发现变电站设备发热缺陷主要表现为以下 6 个方面：

1）线路 T 字夹，如图 13-1、图 13-2 所示。

2）隔离开关触点处，如图 13-3 所示。此类缺陷最为常见，发现的数量也是最多。发热的原因主要是刀头接触不良。还有一些隔离开关运行方式为正母，由于副母隔离开关常年不用，刀头的接触部分由于常年积污会引起刀头的接触不良。一旦倒母线操作翻至副母运行，就会引起发热，此类发热点一般温度较高应引起注意。如图 13-4 所示。

3）套管与导线连接处。此类缺陷也较为为常见，如图 13-5 所示。此种结构不合理，因此连接处稍有松动就会引起发热。图 13-8 所示为连接螺栓没有拧紧。

4）断路器、电流互感器等一次设备和导线、母线的连接处。如图 13-6 所示为典型的连接螺栓没有拧紧而引起的发热。

5）电容器等设备的接头。图 13-7 所示为电容器套管内铜杆接头未压紧而引起的连接处发热。

6）设备内部缺陷引起发热。图 13-9 所示为介质损角超标引起的内部发热，图 13-10 所示为接触电阻超标引起发热。

需要说明的是此类发热温升较小，用一般的测温手段不容易发现存在缺陷，而用 PM695 焦平面红外成像仪拍摄的红外图则清晰反映出热点的部位，通过软件的分析可准确的诊断出缺陷的性质，便于及时处理故障，保障设备安全运行。

第14章

SF₆设备故障检测分析与对策

SF₆电气设备在运行中经常出现各种类型的故障，严重威胁电网的安全、稳定、可靠运行。及早发现 SF₆电气设备在运行中是否存在潜伏性故障，分析放电故障的类型及严重程度，判断设备是否可以继续监视运行或必须停电检修处理，确保 SF₆电气设备的安全可靠运行具有重要意义。本章主要介绍 SF₆电气设备放电故障判断依据、类型、部位和放电流。

14.1 SF₆设备放电故障概念及类型

（1）硬故障：放电通道主要涉及固体绝缘，高能放电后电气绝缘不能恢复。

1）初始放电点在固体绝缘表面。固体绝缘包括盘式绝缘子、支撑绝缘子、绝缘薄膜（纸），玻璃钢等。由于制造工艺原因表面或内部有缺陷，或由于安装工艺造成表面损伤或表面污迹处理不干净，在固体绝缘表面产生低能点放电或爬电等，破坏固体绝缘表面绝缘性能，加上放电产生的分解物粉尘在放电点（放电通道）积累，使电气绝缘性能进一步降低，放电电流逐步增大，最后形成高能放电通道，使设备跳闸或烧毁。

高能放电后固体绝缘表面电气绝缘不能恢复，放电通道没有消除，这种故障发展速度难以判断，有可能是急性的，故障破坏性强，严重威胁设备安全运行。但多数情况下是慢性的，高能放电通道形成有一个过程，也需要一定时间，放电电流逐步增大，所以通过检测 SF₆电气设备放电故障分解物，可以有充足的时间，及早发现判断这种类型的放电故障。

TA 侧绝缘盘表面击穿放电通道、二次线圈支撑绝缘子表面击穿放电通道这种类型的放电故障，在检测 SF₆电气设备放电故障特征组分 SO₂、H₂S 时，要特别关注其浓度增长率，及时作出判断。

2）初始放电点不在固体绝缘表面"某"变电站某线路 TA C 相起放电点在电容屏，二次线圈支撑法兰（高电位）对电容屏支撑杆（地电位）放电产生大量粉尘，聚集在二次线圈支撑绝缘子表面形成放电通道，造成二次线圈绝缘击穿。

SF₆电气设备内部发生放电故障时、分解产生的粉尘特征为：颜色较浅，较重，颗粒较小，易大范围扩散并较均匀附在物体表面，附着力强，对固体绝缘表面电气绝缘性能影响较大。

此类设备放电通道形成需要较长时间，必须有其他放电部位的大电流放电，产生大量轻、细的粉尘，附着在将要形成放电通道的部位，再逐步形成放电通道。所以，只要定期检测 SF₆ 电气设备放电故障分解物气体组分，就能及早发现此类放电故障。

（2）软故障：放电通道主要涉及 SF₆ 气体绝缘或固体绝缘+SF₆ 气体绝缘，高能放电后电气绝缘可恢复两大类。

此类放电故障基本都是由于固体绝缘的小电流放电，产生的分解物聚集在放电部位附近，破坏 SF₆ 气体绝缘。SF₆ 气体放电通道在大电流放电以后，基本都能恢复绝缘，放电通道消失。

目前，SF₆ 电气设备包括断路器、电流互感器 TA、电压互感器 TV 等多数采用聚酯薄膜（点胶纸）作为绝缘材料，当设备有放电时，局部产生高温，使聚酯薄膜分解，产生还原性气体，这些气体局部达到一定浓度时，导致 SF₆ 气体绝缘性能下降，形成小电流放电通道；如果积累的分解物浓度越大，当达到击穿电压时，形成大电流放电通道，设备就通过 SF₆ 气体放电。

通过试验发现，聚酯薄膜在 150℃ 开始有分解物产生，随着温度升高，分解物浓度逐步增大，但增加速度较慢，当温度达到 250℃ 以上时，分解物浓度逐步增大增长较快，300℃ 时，薄膜纸已经基本完全分解或熔化，在漆包线间只看到点胶（环氧树脂）。这些气体在局部积累，降低 SF₆ 气体绝缘性能，形成放电通道。

1）SF₆ 电气设备放电故障特征组分 SF₆ 电气设备中 SF₆ 气体分解机理很复杂，国内外已有大量研究。根据多年来检测数据表明，SF₆ 电气设备中断路器、隔离开关（灭弧室、均压环完好情况下）正常开断几乎不会产生分解产物。

2）SF₆ 电气设备放电故障使 SF₆ 气体分解、固体绝缘［盘式绝缘子，支撑绝缘子，绝缘薄膜（纸），玻璃钢等］分解、金属构件分解（产生原子蒸气、带电离子），分解初始物处于不稳定状态，相互之间反应、最后形成相对较稳定的分解物。

所以，放电故障分解物是指由于 SF₆ 电气设备放电形成的存在于 SF₆ 电气设备内部的产物，包括气体组分和固体组分（粉尘颗粒）。放电故障分解物气体组分对 SF₆ 气体绝缘造成破坏，这种破坏通常是可恢复的。放电故障分解物固体组分（粉尘颗粒）附着在绝缘子表面对绝缘造成破坏，这种破坏通常是不可恢复。

因此，监测 SF₆ 电气设备放电故障，可以检测放电故障产生的原因是气体组分还是固体组分。但由于设备在运行中，固体组分样品（粉尘颗粒）不易取得。只能根据检测结果进行综合判断，判断放电类型、放电部位、放电电流，综合评估 SF_6 电气设备放电故障严重程度以及必须采取的措施。

14.2　SF_6 电气设备放电分解物检测及判断方法

1. 检测方法

（1）现场检测。SF_6 电气设备放电故障特征组分二氧化硫（SO_2），硫化氢（H_2S），可以用 SF_6 电气设备故障检测仪 JH2000 进行现场检测。

（2）实验室检测。

（3）SF_6 电气设备使用的 SF_6 气体种类：

1）SF_6 新气由气体生产厂家出厂，这种气体中基本没有特征组分 SO_2 和 H_2S（μL/L 级别），也没有 CO、HF，但多数含有其他气体组分如 CF_4、SOF_2、SO_2F_2、CO_2，气体浓度相对较低。对于这类 SF_6 气体，要严格执行国家标准，做好使用前的比例抽检工作。

2）SF_6 回收气体。从运行设备检修回收。这类 SF_6 气体一般没有经过处理或只进行简单处理。要进行严格检测，合格后才能充入 SF_6 电气设备，并把气体组分检测数据作为重要数据。

放电故障设备检修回收使用的 SF_6 气体。这类 SF_6 气体一般经过有关厂家进行处理后才能重新使用。对这类 SF_6 气体使用前要进行更加严格的检测工作，对技术指标不符合国家标准或虽然国家标准没有规定，但气体浓度较高，坚决不能使用。

2. SF_6 电气设备放电故障判断依据

根据多年来放电故障设备检测和解体检测数据，总结出 SF_6 电气设备放电故障判断依据：特征气体浓度，包括二氧化硫浓度 $C(SO_2)$、硫化氢浓度 $C(H_2S)$，特征气体浓度比值 $C(SO_2)/C(H_2S)$，注意值（μL/L），故障值（μL/L），严重故障值（μL/L），放电电流。

（1）征组分浓度比值判据 $C(SO_2)/C(H_2S)$。主要用于判断放电部位是否涉及固体绝缘、金属或两者（多点放电），判断故障类型属于硬故障还是软故障。

$C(SO_2)/C(H_2S) \leqslant 4$，放电部位主要涉及 SF_6 电气设备固体绝缘，包括绝缘盘、支撑绝缘子、绝缘纸（薄膜）等，除非有重大制造缺陷，否则，在运行中没有直接形成放电通道条件，而且经过投产前耐压试验考验。通常情况下是由于小电流放电或粉尘积累逐步形成放电通道，这一过程可以通过以下检测判断：

1）若 $C（SO_2）/C（H_2S）\geqslant 7$，可以判断放电故障主要涉及金属，对设备危害相对小一些。故障部位多数在隔离开关，导电连杆，设备外壳内壁等。

2）若 $4<C（SO_2）/C（H_2S）<7$，可以判断为多点放电故障，放电部位可能涉及金属和固体绝缘。SF₆电气设备内部放电故障通常比较复杂，不是单纯一点放电，而是多点放电，有多条放电通道，这种放电故障比例也较高。故障类型判断难度较大，需要综合分析，也需要经验积累。

（2）注意值 $［C（SO_2）：3\sim50\mu L/L；C（H_2S）：2\sim10\mu L/L］$，是 SF₆ 电气设备运行相对安全的判据，可以缩短正常检测周期监视运行。

（3）故障值 $［C（SO_2）：50\sim100\mu L/L；C（H_2S）：10\sim30\mu L/L］$，是 SF₆ 电气设备必须谨慎监视运行，为了安全，具备检修条件的可停电检修。

（4）严重故障值 $［C（SO_2）>100\mu L/L；C（H_2S）>30\mu L/L］$，是 SF₆ 电气设备必须尽快退出运行，转入检修状态的判据。特别对高电压等级设备，为了安全，尽量避免继续监视运行，以免设备缺陷和故障扩大转变为事故。

（5）SF₆TV 的放电故障判断依据。所有判据数值减半。因为 SF₆TV 的一次线圈比较薄弱，极小电流的放电容易引起崩溃式的短路故障，而且要特别注意 SF₆ 分解产物中一氧化碳（CO），二氧化碳（CO₂）特征组分浓度及其变化，如果判断故障部位涉及线圈绝缘，需尽快停电检修。

（6）放电电流。放电故障放电电流计算公式用于评估设备经历瞬间放电电流的破坏，设备绝缘受损程度。用放电电流概念，而不用电能、电功率的概念，主要是为了直观表达。也就是说，通过 SF₆ 电气设备内部放电产生的气体组分浓度总量，评估 SF₆ 电气设备内部绝缘状况。

3. 案例

某变电站 2005 年间投产 SF₆ 断路器于 2006 年 8～11 月间，连续 4 个间隔的 TA 下位气室出现 5 次相同闪络击穿故障，均表现为母差保护动作。经检查各气室 SF₆ 气体压力正常，录波仪记录事故前运行电流 80～140A，故障电流为 10～13kA，对检出 SO₂、HF 气体的 TA 气室解体后发现 TA 气室内有大量白色粉末物，靠断路器侧绝缘子上附着大量黑色粉末物，电接点变黑，电连接基座右上侧金属熔缺。2006 年 11 月 12 日在对从未投运的同型备用间隔 TA 气室解体检修时，在电接点上也发现黑色粉末物。

14.3　化学、电气排查试验

对多项事故现场与试验大厅的电气及模拟性电气试验结果排除了 TA 气室机、电、热的影响因素，怀疑对象集中转向 SF₆ 气室。推断存在挥发极性杂质的未知劣质化工材料，致使 TA 气室内电场畸变进而发生击穿事故。故障分析试验重点也转向从化学角度对闪络故障前、后 TA 气室内固体粉末及 SF$_6$ 气体成分进行全组分分析。

（1）试验用固体、气体样品的取样与制备。试验用故障前（运行）气体样品取自某变电站 2 号主变压器上 TA、下 TA 及 2 号主变变压器断路器气室。试验用故障后气体取自某变电站闪络后的某线路下 TA 气室。试验用故障前固体粉末取自另线路间隔上 TA 电连接触子，该间隔为没有出线，且从未投运的备用间隔。试验用故障后的固体粉末取故障闪络后的某线路下间隔下 TA 绝缘子。

（2）电气试验后气体样品的制备。

试验装置一的气体：按原来的工艺要求，装配 TA 气室，电连接型号工艺涂抹的 FLZ-4 润滑脂，气室抽真空至 133Pa，充入 0.35MPa 的新 SF$_6$ 气体，3150A 通电流 48h，146kV 老化试验 48h，耐电压、局放试验后取气。

试验装置二的气样：试验装置一试验结束后，从 TA 气室中拿去耐油黑橡胶缓冲垫，再重装 TA 气室，电连接、润滑脂同装置一，气室抽真空至 133Pa，充入 0.35MPa 的新 SF$_6$ 气体，同时对 TA 筒体外部加热，筒壁温度为 50～60℃，加电压 146kV，48h 后取气。

试验装置三的气样：全新的 TA 气室，内装纤维板作缓冲垫，试验方式与过程同装置二，48h 后取气。

气体取气方法：本次试验用气体，均采用真空钢瓶自然压力平衡法取气。

（3）试验手段与结果。运行设备、仿真电气试验后进行 TA 气室气相成分常规分析。

现场微水纯度检测：利用 DL 公司的纯度仪、DP19 镜面露点仪及维萨拉 DMT-242P 阻容式露点仪，检测 TA 气室与非 TA 气室纯度与水分。

微水纯度检测试验结果：各气室纯度均在 99% 以上，正常各气室水分也在正常值范围内；TA 气室用 DP19 镜面露点仪与维萨拉阻容式露点仪进行比对检测。镜面法较阻容法在 TA 气室水分检测中有 200×10^{-6} 的水分高差，初步判定 TA 气室中有少量未知组分干扰水分在镜面正常结露。

（4）SF$_6$ 定性检测管检测。故障后用 SO$_2$、HF 定性检测管，对故障间隔进行检测，结果四次故障均在检出 SO$_2$、HF 的 SF$_6$ TA 气室中，解体后找到故障闪络部位。

（5）SF$_6$ 分解产物气相色谱分析。为收集比对设备故障更多共异性，还对不同出厂时间的设备进行取气分析。SF$_6$ 分解物色谱分析结果如下。

1）故障后某线路下 TA 气室中 SF$_6$ 气体中有明显 CF$_4$、SOF$_2$、SO$_2$F$_2$ 分解物的故障峰。

2）运行中 SF$_6$ 气体。2 号主变压器上 TA、2 号主变断路器多个非故障 TA 气室、母线气室、断路器气室均检出有不明成分的色谱峰。

3）电气试验后气体。装置二与备用气室检出不明组峰，装置一和装置三色谱峰相同。

4）SF₆ 色谱分解产物分析结论。在本次色谱检测中，SF₆ 色谱峰正常，其他气室均因不明原因出现各类色谱杂峰。

（6）TA 气室气体相成分非常规分析。动态离子对 SF₆ 气体相杂质总含量及污染情况检测结果表明：2 号主变压器下 TA 气室、2 号主变断路器气室、装置三均无杂质污染；TA 气室中杂质总含量或污染等级跟气室的运行时间有关，跟 TA 气室是装耐油橡胶板有关，电工绝缘纸板对 TA 气室不造成杂质污染。装置三 TA 气室中微量杂质是否由该 TA 气室除去橡胶板后微量残留引起，有必要重新进行装置三电气及化学（色谱及动态离子）复检性试验。

（7）应用气质联用仪的试验结果。故障前黑色固体粉末成分为硫化银，故障后黑色固体粉末主要成分为硫化银、碳等，故障后白色粉末为氟化铝。

（8）腐蚀机理与验证性试验。对故障气室及电气加速试验装置试验后气体、固体组分分析试验，分析显示：设备故障前（运行）及加速仿真性电气试验后 SF₆ 气体组分中元素 S、Ag、Al 的含量及气室内 SF₆ 杂质总含量与气室运行时间成正比，与 TA 气室内是否放置丁腈橡胶有关；TA 气室内气体相有机物浓度低，不致引起设备故障。固体粉末物成分分析：从未投运的备用间隔 TA 气室内的黑色粉末中含硫化银。

（9）腐蚀性硫化银形成机理。TA 气室中主要金属材料除了有镀银件外，还有铝合金导电杆及其他金属成分，银、铝等金属成分均匀有极强的腐蚀性，但在故障前的固体粉末中只测到硫化银，故此只有当气室中所有镀银层全部被腐蚀并饱和后才会有其他金属成分的进一步腐蚀，

（10）化学验证试验。TA 气室中所用化工材料元素硫成分检测，结果表明 TA 气室中所有化工材料只有丁腈橡胶中含有腐蚀性硫。

14.4　220kV 变电站 GIS 三起事故案例分析

1. GIS I 母内部闪络事故

（1）事故经过及现象。2005 年 6 月某日某变电站 220kV 母差保护动作，220kV 母线失电压，重合闸后故障未消除，从故障录波图上来看，I 段母线有接地短路现象，短路电流 A 相为 630A，B 相为 2000A。经对故障后 220kV GIS 组合电器 I 段母线各气室 SF₆ 气体进行检测，发现母联间隔和备用间隔母线气室有 HS 和 SO₂ 成分，靠近母联间隔的共箱母线绝缘子 B 相对地短路。将故障部位解体，发现靠近故障端筒体有烧弧痕迹且绝缘子和筒体对接的位置有较严

重烧蚀现象。

1）共箱母线绝缘子 B 相对地短路：从绝缘子表面放电现象看成波浪状向外发散，虽然绝缘子未返厂进行相应的试验，但从清洁后的绝缘子表面情况来看可排除是绝缘子内部质量问题。

2）绝缘子和导电触座之间的烧蚀情况：主导电回路接触良好，触座边缘有烧蚀情况。

3）绝缘子和筒体对接边缘位置有较严重的烧蚀现象和对接处筒体烧蚀情况。

4）安装现场未硬化的地面上铺着化学纤维地毯。

5）故障气室分解物及气体试验结果分析，中试所对该站 GIS 故障后固体粉末物与 SF_6 气体分解物进行了试验分解物分析对比，其结果如下：该站 GIS 故障后固体粉末元素成分比对显示，氧元素含量该站是故障后粉末是未故障站的 6.5 倍，硫、铁元素该站低于未故障站。该试验结果排除了气室内遗留螺栓、螺母等钢类零部件的可能(元素铁含量相对低)；氧元素含量相对高于母联气室，原因可能是电弧故障时，可燃空气相对 TA 气室有关气室故障与腐蚀性硫无关。

试验结果也表明，该站样品均有 SF_6 放电分解物。一定量的试验室研究表明，SO_2F_2、SO_2F_{10} 是火花放电的结果，即（支持）某站气室中曾有火花放电。

（2）事故原因分析。现场安装时由于 220kV GIS 场地没有硬化，为了整洁，在部分地面上铺了红色的化学纤维地毯，而正是这种化学纤维地毯很容易起细小发状物飘浮到空气中，化学纤维为半导体物质，极易产生静电感应，从而吸附在物体上。因此，不能排除在安装时纤维和粉尘等杂质进入了气室内部的可能性。

总体安装完成后进行耐压试验时共箱母线曾有闪络现象，进一步证实了这种可能性。这些 GIS 内部纤维和粉尘，在高压场强的作用下产生极化、运动，并在利于其滞的位置（母线筒体和绝缘子的缝隙等）不断累积，当杂质累积到一定的程度时发生闪络及击穿事故。现在产品母线筒内部导电杆成倒品字型布置，B 相在母线的下方，正是杂质在重力和电场的作用下容易积累的部位。本次故障发生在 B 相，B 相对地故障后在旋转电弧的作用下 A 相也出现短路现象。

基本判断是由于现场安装环境恶劣，厂家、施工队伍以及监理在没能严格控制安装质量，致使杂质进入 GIS 母线筒，导致发生 GIS I 段母线内部闪络事故。

2. 线路间隔内部闪络事故

（1）事故经过及现象。2006 年 5 月某日某变电站 220kV I 段母线差动出口动作，跳 220kV 某线断路器、1 号主变压器 220kV 侧断路器、220kV 母联断路器。与此同时，220kV 某线路侧断路器因远方启动跳闸保护动作跳闸。从录波图来看，Ⅰ段母线 C 相出现接地短路故障，故障电流为 1610A，220kV Ⅰ段母线失电压。

在对 220kV 某线路间隔所有气室的 SF₆ 气体进行组分检测后，发现Ⅱ段母线侧隔离开关气中有 HS 和 SO₂ 成分，现场对故障气室进行了解体。打开故障气室，某线Ⅱ段母线隔离开关 C 相绝缘拉杆已整体发黑，但看不到明显的爬电痕迹，两端电极有明显的烧蚀痕迹。对隔离开关故障气室水分与固体粉末物的化学分析试验和绝缘拉杆事故后在空气中的交流耐压试验结果如下：

1）化学分析试验主要情况。微水试验，事故气室Ⅱ段母线隔离开关气室水分含量为 3500×10^{-6}（现场）～4000×10^{-6}（试验室），此外，在事故后中试所进行 SF₆ 气体普查后，发现 2 个气室水分超出安装交接时的标准。

2）对所取故障后固体粉末经热场发射扫描电镜能谱分析，发现本次故障后黑色物中元素硫含量明显过高为 11.9%。

3）对事故后绝缘拉杆的交流耐压试验情况：在温度为 30℃，湿度为 70% 试验地点进行试验被试品沿面闪络击穿耐压试验前绝缘电阻大于 $10000M\Omega$，耐压试验后绝缘电阻为 $200M\Omega$。

4）故障绝缘拉杆的耐压试验结果：能耐受 145kV 的工频耐压，在 251kV 时候放电。说明绝缘拉杆还有一定的绝缘能力，在 251kV 击穿也可能是表面遭到了一定的破坏。

5）故障绝缘拉杆用湿布包裹 24h 后，在水分含量为 3200×10^{-6} 的 SF₆ 气室中的工频耐压试验，试验结果：145kV/1.5min 放电，绝缘拉杆打裂，绝缘能力丧失。说明起始时有一定的绝缘能力，但瞬间绝缘能力瓦解。

6）厂家对绝缘拉杆的质量控制过程调查，绝缘拉杆作为 GIS 的关键部件，绝缘拉杆的检验分为：进厂材料检验、单件逐根检验、整体出厂耐压试验、现场耐压试验。可以肯定，事故绝缘拉杆是在安装验收后其绝缘能力才下降的。

（2）事故原因分析。从事故现象来看，绝缘拉杆表面没有明显放电通道，说明表面放电现象。从中试所的试验报告上看，某Ⅱ段母线隔离开关气室事故后水分严重超标。事故产生的固体粉末物中含有水结晶成分，表明固体粉末物是在水分较高的环境下形成的。可以判定事故原因与气室内水分过高有关，水分能使绝缘拉杆的绝缘水平下降，但不是唯一因素。

现场的安装工艺要求是：分子筛需要在 300℃ 温度下烘干 2h 以上，趁热在 15min 内装上。如果没有烘干（烘干不够）或者停留时间过长，都可能使分子筛水分处理不干净，导致装上后不是吸收水分而是释放水分。

综上所述，220kV GIS 事故原因是由于事故气室的分子筛通过缓慢释放造成气室水分增加，并且与进入气室内部的杂质共同影响，绝使缘拉杆表面绝缘能力下降，导致发生 GIS 内部闪络事故。

3. 因 SF_6 充气不当致使防爆膜破裂

（1）事故经过及现象。2008 年 7 月某日，现场电气安装人员完成了某变电站 2 号主变压器 220kV GIS 电缆头筒体 SF_6 气体充气工作，准备第二天配合电缆试验人员做电缆头的耐电压试验。试验人员首先进行 C 相耐电压试验，当耐电压打到 100kV 左右时，试验失败。在未检查出原因的情况下继续做 B 相耐电压试验，同样失败。

过后又进行 A 相耐电压试验，耐电压仍然升不上去。在多次耐电压升不到试验额定值的情况下，试验人员怀疑变电站电缆进线筒体内压力未达到额定值，于是向电气安装人员提出了疑问。安装人员经查看，确认筒体三相压力均已达到额定值 0.38MPa。电缆试验人员得知情况后，依然认为耐电压升不上去的原因是筒体内气体压力不够，因此要求安装人员提高气体压力。现场电试与安装人员在未上报建设、监理及主管技术部门的情况下，自行商议再充气升压。

第一次将 A 相筒体内气体压力提高到 0.42MPa，电缆耐电压升至 280kV；接着试验人员要求继续将 A 相筒体内气体压力提高到 0.6MPa，安装人员考虑到防爆膜的动作压力为 0.55MPa，认为只要不超过动作压力应该没有问题，于是第二次又充到 0.51MPa，但电缆试验升压仍然未成功，于是试验停止。接着安装人员打算回收部分气体，将压力降至正常的额定值。但就在准备回收气体时，2 号主变压器进线电缆 A 相防爆膜的突然发生爆炸。

（2）防爆膜破裂原因分析。安装人员在未弄清电缆试验升压不成功的原因及没有技术依据的情况下，盲目听从试验人员的意见，擅自将电缆筒体内气体压力提高到接近防爆膜动作压力，是造成事件发生的直接原因。

（3）应吸取的教训。

1）现场施工必须严格执行技术纪律。

2）施工现场应配备具有相应能力和经验的施工技术人员。

3）安装人员应了解基本的电气试验常识。

14.5　现场安装把关要点

近几年 220kV GIS 事故屡次发生，除了国产厂生产的 GIS 本身存在制造质量问题外，现场安装检修质量的控制不严是大部分事故的主要原因。GIS 现场安装的质量控制是防止 GIS 设备事故的关键，根据现场安装容易忽视的管理环节和技术环节，以下几点应注意：

（1）对新安装的 GIS 设备，制造厂应制定 GIS 现场装配工艺的质量控制工艺标准，并为施工方提供 GIS 设备现场安装指导书，在指导安装时严把 GIS 安装工艺的质量关。施工队伍在安装 GIS 时，应做好现场安装记录；监理在安装现场应对每一项装配工序质量控制进行把关；每完成一项装配工艺后都经厂家、施工队伍、监理三方签字后方可进行下一步的装配工序。

（2）GIS 安装的作业环境应符合地面清洁条件，地面应无尘土、无杂物、干燥无空气污染等。

（3）GIS 安装时，安装零部件应分类、整齐、离地摆放在垫塑料布或木板上方；上面覆盖塑料布，防止灰尘飘入、意外砸伤或者水珠溅上。筒体临时敞开口用塑料布封好。油类、液体清洗类材料用后，即刻加盖分类存放。待装的标准件应分类放入塑料盒内，递送到作业面附近，方便取拿使用。工作人员在清理绝缘件时，应戴塑料手套或医用手套，防止汗水粘在其表面，装配后 SF_6 气体微水量超标。

（4）从金属表面清除的粉末应及时用吸尘器吸掉，并妥善处理。

1）在组件拼装或加装封盖前，必须仔细检查验收，认真记录。

2）在 SF_6 气体回收和充气时，应对各间隔气室逐个轮流进行，以减少气隔内盆式绝缘子的压力和维护安装人员的安全。

第15章

雨凇引发输电线路电灾分析与对策

本章根据雨凇灾害产生的气象条件、特点及危害所引发电灾的事故，对输电线路、铁塔的设计规定与覆冰线路直径的实际情况及在设防要求等方面进行分析，总结线路覆冰倒塔事故的原因，为高压输电线路、铁塔的设计和建造提供指导吸取。

15.1 雨凇形成的气象条件、类型及危害

超冷却的降水碰到温度等于或低于零摄氏度的物体表面时所形成玻璃状的透明或无光泽的表面粗糙的冰覆盖层，叫做雨凇。俗称"树挂"，也叫冰凌、树凝，形成雨凇的雨称为冻雨。我国南方把冻雨叫做"下冰凌"、"天凌"或"牛皮凌"。

1. 雨凇的形态

雨凇比其他形式的冰粒坚硬、透明密度而且大（0.85g/cm^3），和雨凇相似的雾凇密度却只有 0.25g/cm^3。雨凇的结构清晰可辨（见图 15-1），表面一般光滑，其横截面呈楔状或椭圆状，它可以发生在水平面上，也可发生在垂直面上，与风向有很大关系，多形成于树木的迎风面上，尖端朝风的来向。根据它们的形态分为梳状雨凇、椭圆状雨凇、匣状雨凇和波状雨凇等。

图 15-1　雨凇的形态

2. 雨凇的形成机制

雨凇通常出现在阴天，多为冷雨产生，持续时间一般较长，日变化不很明显，昼夜均可产生。雨凇是在特定的天气背景下产生的降水现象。形成雨凇时

的典型天气是微寒（0～3℃）且有雨，风力强、雾滴大，多在冷空气与暖空气交锋，而且暖空气势力较强的情况下才会发生。也就是近地面存在一个逆温层。大气垂直结构呈上下冷、中间暖的状态，自上而下分别为冰晶层、暖层和冷层。

从冰晶层掉下来的雪花通过暖层时融化成雨滴，接着当它进入靠近地面的冷气层时，雨滴便迅速冷却，成为过冷却雨滴（大气中有这样的物理特性：气温在零下几十度（℃）时，仍呈液态，被称为"过冷却"水滴，如过冷却雨滴、过冷却雾滴）。形成雨凇的雾滴、水滴均较大，而且凝结的速度也快。由于这些雨滴的直径很小，温度虽然降到摄氏零度以下，但还来不及冻结便掉了下来。

当这些过冷雨滴降至温度低于 0℃ 的地面及树枝、电线等物体上时，便集聚起来布满物体表面，并立即冻结。冻结成毛玻璃状透明或半透明的冰层，使树枝或电线变成粗粗的冰棍，一般外表光滑或略有隆突。有时还边滴淌、边冻结，结成一条条长长的冰柱。就变成了我们所说的"雨凇"。如果雨凇是由非过冷却雨滴降到冷却得很厉害的地面或物体上及雨夹雪凝附和冻结而形成的时候，即由外表非晶体形成的冰层和晶体状结冰共同混合组成，一般这种雨凇很薄而且存在的时间不长。

3. 时间空间分布

雨凇以山地和湖区多见。中国年平均雨凇日数分布特点是南方多、北方少。潮湿地区多而干旱地区少（尤以高山地区雨凇日数最多）。年平均雨凇日数在20～30 天以上的差不多都是高山地区。但在山区，山谷和山顶差异较大，山区的部分谷地几乎没有雨凇，而山势较高处几乎年年都有雨凇发生。

雨凇大多出现在 1 月上旬至 2 月上中旬的一个多月内，起始日期具有北方早，南方迟，山区早、平原迟的特点，结束日则相反。地势较高的山区，雨凇开始早，结束晚，雨凇期略长。

雨凇与地表水的结冰有明显不同，雨凇边降边冻，能立即粘附在裸露物的外表而不流失，形成越来越厚的坚实冰层，从而使物体负重加大，严重的雨凇会压断树枝、农作物、电线和房屋，妨碍交通。

雨凇的危害程度与雨凇持续时间也有关系。上海市 1957 年 1 月 15～16 日曾出现一次雨凇，持续了 30 小时 09 分钟；北京最长连续雨凇时数是 30 小时42 分钟，发生在 1957 年 3 月。中国雨凇连续时数最长的地方发生在峨眉山，从 1969 年 11 月 15 日一直持续到 1970 年 3 月 28 日，持续了 3198 小时 54 分钟之多。

雨凇积冰的直径一般为 40～70mm，中国雨凇积冰最大直径出现在衡山南岳，达 1200mm。

气象站观测雨凇积冰直径用的方法是：由于雨凇在结冰的过程中，导线变得越来越粗，但当雨凇积累到一定直径时，"雨凇冰棍"必然逐渐碎裂，这时气象观测人员就干脆全部清除残冰，让雨凇重新在导线上冻结。在高山上，也许要连续清除几次以至十几次，雨凇过程才告停止。按气象部门规定，各次碎裂时最大直径之和就是全部雨凇过程的最大积冰直径。

1962 年 11 月 24 日发生在衡山南岳的一次雨凇积冰，每米导线上积了16872g，是中国全部记录中的冠军。

4. 雨凇天气引发的特大电灾

2008 年元月，我国南方地区持续 20 多天一场 50 年一遇的突发性特大低温冰冻雨雪灾害天气或称雨凇天气。出现了严重的线路覆冰，造成 10 多个省的部分电力供应中断。造成覆冰线路的直径超过 40～60mm（湖南）或 300mm（贵州），超过或远远超过输电线路设防覆冰的直径一般为 10～15mm 设计值的要求，导致国家电网公司和南方电网公司所属 220kV 和 500kV 运行输电线路被拉断、铁塔倒塌，故障停运，遭受重创，严重威胁电网安全运行的特大电灾事故。

贵州出现暴雪天气，全省 87 个县有 76 个出现凝冻并由东向西延伸发展成为近 53 年来最严重的凝冻，在受冰雪灾害最为惨重的贵州地区电网遭受到雪凝灾害破坏的输电线路达到 3896 条，472 座变电站停运，500kV 网架基本瘫痪，全省电网被分割成 5 个孤立电网运行。41 个市县受到停电影响。

湖南遭遇 30 年一遇的严寒天气，受雨雪、霜、冻三种灾害气象夹击，线路覆冰层坚硬如钢铁，光滑如玻璃。电网骨干线路覆冰总长度近 6000km，雨凇导致 500/220/110kV 线路跳闸、倒塔多起的特大事故以致 9 座 220kV 变电站全停。

安徽电网共发生 500/220kV 线路倒塔 114/1154 基。安徽大别山区普降大雪，气温突降。积雪达到 60～70cm。使三峡电力大动脉±500kV、宜华直流输电线路安徽金寨张冲段塔位覆冰严重，导致相近 4 座 500kV 铁塔损毁严重，紧急停运。

南方电网公司损失惨重，10kV/35 kV 及 110kV 以上输电线路倒塔倒杆及损坏合计 121915 基，断线 33803 处，其中 110kV 及以上输电线路倒塔倒杆 1677基，损坏 913 基，断线 2769 处、造成 7503 条线路、859 座变电站停运。导致3348 万户、一亿多人口停电。

截至 2008 年 2 月 13 日，全国范围高压电网受灾损停电力线路 35968 条，变电站 1731 座。全国 13 个省区电力系统运行受到严重影响，造成全国 169 个县停电。南方电网和国家电网直接经济损失分别为 50 亿和 104.5 亿。

这次低温冰冻雨雪天气过程，强度之烈，范围之广，持续时间之长，损失之重，影响之大是极其罕见的，是人类历史上最严重的电力事故之一。

5.　雨凇覆冰对电力设施的危害

雨凇最大的危害是使供电线路中断，高压线高高的钢塔在下雪天时，可以承受 2～3 倍的电线重量，但是如果有雨凇出现的话，可能会承受 10～20 倍，电线或树枝上出现雨凇时电线结冰后，遇冷收缩，加上风吹引起的震荡和雨凇重量的影响，能使输电线不胜重荷而被压断，以致出现过高压线路因为雨凇而几十公里的电线杆成排倒塌的情况造成输电、通信中断，严重影响当地的工农业生产。

（1）形成导线覆冰的主要因素。形成导线覆冰，一般要具备相应的气象条件，即要有可以冻结水的气温及导线表面温度（气温一般为−5～0℃），又要有较大的湿度（空气相对湿度一般在 85% 以上）和合适的风速，以使水滴与导线碰撞，从而被导线捕获（风速一般为 1～10m/s），此外还要形成温层。

导线覆冰按其冻结性质分为雨凇（又称冻雨）、雾凇、混合冻结、覆雪四种。其中以雨凇覆冰是最严重的一种覆冰形式。

（2）这次电灾造成倒塔的主要原因有：

1）导地线覆冰后垂直荷载过大使倒塔压垮；

2）由于导地线的纵向不平衡张力超过原塔的纵向设防强度而被顺线路方向拉倒；

3）导地线覆冰过重使得线条张力大幅度提高，同时由于由于覆冰条件下大风，引起耐张塔角度力超过设计条件，引起耐张塔倒塔。

4）导地线因覆冰超过了其承受能力引起了断线事故，断线后产生不平衡张力又进一步引起倒塔。覆冰过重还导致荷载超过了绝缘子金具串承载能力而引起断裂或损伤，或因为倒塔断线致使绝缘子金具损坏。

15.2　冰灾导致电网受损原因和输电线路覆冰设防

1.　线路设计标准

设计规程规定，根据送电线路的设计气象条件、沿线的气象资料和附近已有的运行经验，按以下重现期确定：330、500、750、1000kV 送电线路重现期按 15a（年）、30a、50a、100a 一遇设计，±800kV 直流特高压线路气象条件重现期按 100a 一遇设计。

目前华中地区线路多采用 10～15mm 覆冰设计，个别线段覆冰设计厚度采用 20～50mm。华东地区线路覆冰厚度一般采用 10mm，沿海地区覆冰厚度采用 5mm 或无覆冰设计，浙江个别山区覆冰厚度采用 15mm 设计。

根据现场调查收资及覆冰观测，这次冰灾厚度已大大超过原有设计边界条

件。部分地区覆冰厚度甚至超过百年一遇。杆塔的荷载随着电线上的杆塔上的覆冰厚度的增加而增加，

IEC 标准中运用概率论和数理统计的方法，对冰荷载提出了处理方法，对重冰线路设计提出了特殊要求：

（1）在计算导线事故静态张力时应考虑有相应冰荷载。

（2）要求重冰区的线路应每隔若干基增设一基能抗住在极限荷载条件下，一侧导线全断的抗串倒杆塔。

2．适度提高设防标准。

（1）调整输电线路设计的气象标准。

（2）细化冰区设防分级。

（3）提高安全设防水平。

（4）合理选择线路路径。

（5）加强覆冰观察。

（6）加强科技开发和应用。

3．输电线路覆冰应对

（1）当覆冰线路直径超过或远远超过线路的设计值（寒风雨雪中，冰层厚度每小时增加 1mm）严重威胁输电线路安全运行时，调度部门应采取应急降低负荷或停运线路措施。

（2）设计如何提高输电线路覆冰直径。

（3）采用线夹回转式间隔棒和线夹回转式间隔棒双摆防舞器，以达到改变冰形防止舞动与提高稳定性防舞动的双重防舞动功能。

（4）借鉴、吸取我国北方地区或国外电网的输电线路应对覆冰的方法。

（5）由于全面提高输电线路的设计标准成本可能过高，因此建议针对一些关键的骨干线路，巡视维修条件特别艰苦、气象条件特别复杂的高山湖泊线路，可提高设计标准以增加抗冰水平。

（6）在电网设计改造施工过程中，气象部门应准确提供沿线路的小气象资料，有助于确定线路和杆塔的设计标准和施工要求。在气象预警项目上，增强教育并完善防御气象灾害的应急服务体系。

15.3　基础设计选型优化原则

1．基础和上部结构的强度配合

输电线路是由地基、基础、杆塔、绝缘子和导地线组成的系统，其安全可靠性属于概率理论中串联事件，系统安全程度将取决于概率较低的部分。

在我国，110～500kV 输电线路设计中考虑的故障顺序一般是：

（1）直线塔。

（2）直线塔基础。

（3）悬垂绝缘子金具串。

（4）转角塔。

（5）转角塔基础。

（6）终端塔。

（7）终端塔基础。

（8）导地线。

（9）耐张绝缘子金具串。

以上各组成部分之间的故障顺序通过相应专业设计规范的安全系数或分项系数特性。目前按我国规范设计计算得到的各类基础安全度是杆塔部分1.2 倍。

2. 基于可靠度理论的杆塔基础设计

据统计分析我国 50 多年来电网运行情况发现，基础出现事故概率小于杆塔倒塔概率。基础出现事故的主要原因集中于地质资料不正确、施工方法不当和外界环境变化等因素。

目前，输电线路杆塔基础已采用以概率理论为基础的极限状态设计方法，用可靠度指标度量基础与地基的安全性，在规定的各种荷载独立和组合作用以及各种变形要求的限值条件下，满足线路各项安全性要求。基础稳定和承载力采用荷载设计值计算，地基不均匀沉降、基础位移动等采用荷载标准值计算。基础上拔和倾覆荷载稳定性计算：

（1）基础荷载设计值乘以基础附加分项系数应小等于基础承载力计算函数。

（2）基础承受下压荷载时，基础底面处的压应力应满足：基底平均压力设计值应小等于轴心荷载，基底最大压力设计值应小等于偏心荷载。

3. 基础选型原则与要求

输电线路距离长，跨越区域广，沿徒地形与地质条件复杂，地基性质差异性大。每种杆塔基础形式都有自身的特点和优势，可应用于超（特）高压线路工程的基础形式也是多种多样。经济性、环境保护是超（特）高压杆塔基础设计中需自始至终加以考虑的因素。

除此之外还需考虑地质条件、荷载特性、地基和基础承载、施工方法等多因种素。对不良地基可采用特殊的基础形式和地基处理方案。为充分发挥每种基础形式优点，确定基础方案时应遵循以下原则：

（1）选用合理的基础结构形式，改善基础受力状态。

（2）充分发挥地基自身承载特性，因地制宜采用原状态基础。

（3）注意环境保护和可持续发展战略。

4．基础形式及其工程技术方案简介

（1）在无地下水的硬塑、可塑性黏土地质条件和强风化地基岩中采用直柱全（半）掏挖、斜柱全掏挖原状态基础是一种既经济又安全的方法。

（2）超（特）高压杆塔基础可采用斜插式基础。

（3）在微风化和中等分化的岩石地基，可因地制宜采用锚柱基础（支锚式和群锚式）和嵌固式基础。

另外还有灌注桩基础、斜坡地形全方位铁塔长短腿和不等高基础、煤矿采用影响区杆塔基础等。

5．杆塔基础水土保持问题

（1）基面排水通畅良好，有利于基面挖方边坡及基础保护范围外临土体稳定。

（2）护坡通常是沿着塔位周围自然边坡或基面挖方后的缓坡面采用砌块石贴于坡面的原状土上，并用水泥沙浆砌筑、勾缝。

（3）塔基基面保护和人工植被可保护基面及边坡。

15.4 超（特）高压输电铁塔

1．超（特）高压输电铁塔风振动荷载

超（特）高压输电杆塔高度增加，结构柔度增大，脉动风引起的振动效应增强，需要在结构设计中合理考虑风振动力荷载，增强结构的抗风能力。

目前杆塔结构设计引入风荷载调整系数（既风振系数）来对此动力效应加以考虑，但系数选取应能满足超（特）高压输电杆塔对结构安全性和经济性要求。

风荷载为输电杆塔的主要可变荷载，它可看作由远离结构自振频率、属静力性质的平均风和与结构自振频率较为接近、具有动力和随机性质的脉动风两部分组成。其中自振频率会使结构产生受迫振动。

输电杆塔属于高耸结构，自振频率较低与脉动风频率接近，容易发生共振，产生大位移，对结构造成破坏，因而需要在结构设计中考虑风荷载的动力效应，增强结构的抗风能力。

2．输电线路增容改造中铁塔结构安全评定

铁塔安全性评定是输电线路的重要环节，铁塔构件锈蚀是铁塔损伤的主要形式之一，往往导致其材料性能劣化和强度降低，从而影响铁塔结构的承载能力，影响结构安全性。

铁塔构件锈蚀往往导致构件材料力学性能和构件强度的降低，影响铁塔结构的承载能力，威胁输电线路的安全稳定运行。分析铁塔锈蚀构件材料力学性能和不同锈蚀程度的关系，提出了铁塔安全性评定准则和相应处理及对策和措施。

3. 锈蚀铁塔安全性评定

安全性按照构件在铁塔结构中所起的作用，铁塔构件可分为主材、斜材和辅材三类。安全性评定主要是主材和斜材，辅材应考虑其构件连接完整。

我国输电线路铁塔结构常用的钢材为 Q235、Q345、Q390，现行设计标准以材料屈服强度为标准强度，结构应力小于设计强度时结构安全，当构件截面锈蚀使得构件应力达到材料屈服强度时构件发生屈服破坏、结构强度失效，处于不安全状态。

锈蚀铁塔的安全评定准则和处理对策和措施如下。

1）一级构件：无损伤，为完好构件，无需处理。

2）二级构件：截面损失率小于 10%，需采取必要的加固修复措施。

3）三级构件：截面损失率大于 10%，为危险构件，建议拆除更换。

4. 铁塔耐张线夹钢锚拉出故障及处理

220kV 铁塔双分裂导线在正常运行情况下突然滑出，导线弧垂大幅度下降，严重危及电网的安全运行，后经停电抢修恢复送电。确认故障原因为：耐张线夹压接施工工艺不符合有关施工工艺规程中的规定，铝管负-模压接位置出现较大偏差，钢锚与耐张线夹铝管没有连为一体，在导线长期荷载和微振动作用下，造成导线钢芯断裂，导致耐张线夹钢锚拉出。

5. 超（特）高压输电线路铁塔的可靠性

铁塔结构作为输电线路的直接支撑结构，其可靠性关系到整个线路的安全，合理的做法是应以结构构件的可靠概率或可靠指标进行比较，或者是通过一定的推导建立相当安全系数方法来进行比较。输电线路铁塔构件的可变荷载有风荷载、冰荷载、导地线荷载等，其中大风荷载是活风荷载即可变荷载，是设计中主要考虑的因素。

对于输电线路用铁塔的基本构件，可取轴心受压构件来决定输电线路用杆塔的可靠度设置水平。

我国 500kV 普通线路的气象荷载重现期为 30 年，2 级可靠度等级，考虑 1.2 倍的风荷载调整系数后，其可靠度设置水平达到美国导则的 100 年一遇的 4 级结构重要性可靠度水平；与欧洲标准相比而言，我国 500kV 线路的可靠度水平相当欧洲标准的 150 年一遇的 2 级可靠度等级，这说明与国外同类规范相比我国 500kV 输电线路是安全的。

15.5　超（特）高压输电线路

1.　超（特）高压输电线路巡检新技术开发和应用

超（特）高压输电线路具有铁塔高、线路长、绝缘子串长、绝缘子片数多、运行安全可靠性要求高等特点。现有的传统的定期检查与维护方法已很难适用。以"紫外检测-红外检测-直升机"为核心组成的线路巡检新技术系统构想已经提出，它具有安全、快速、准确、灵敏、省时、省力等许多优点，必将成为超（特）高压输电线路巡检现代化的理想工具。

2.　输电线路外力破坏分析与对策

针对输电线路发生的外力破坏（一般所占比例为 20%）的情况，对其规律、特点进行总结分析原因和存在问题，提出对策。

输电线路故障跳闸主要分为三大类：

（1）自然灾害，如雷击、覆冰、台风、鸟粪、环境污染等。

（2）人为的外力破坏如，斗车、大吊车、挖土机等高大器械碰挂导线。

（3）设备本身故障等。

（4）外力破坏分类及原因：输电线路本身性质决定很难彻底防止外力破坏，由于其多为野外露天架设，线路距离比较长，这为运行维护工作带来极大不便，运行维护部门很难在第一时间发现并制止外力破坏。外力破坏主要有：线路保护区内野蛮施工，线路保护区内乱搭建，电力设施遭盗窃。

3.　超（特）高压输电线路防振

架空输电线路导线的微风振动是威胁输电线路安全运行的重要因素之一，是线路设计、建设和运行管理部门必须引起高度重视的问题。导线的微风振动超标常常引起导线疲劳断股、金具损坏等，对线路的安全稳定运行造成威胁。通常普通线路通过安装防振锤来防振，一般而言安装 1～3 个防振锤能有效控制导线和地线的微风振动。

大跨越工程由于挂高、档距大、所处地形开阔等特点，水面上空气容易形成流风，而且引起导线激振风速的范围广，因此导线微风振动的频率范围宽，而且吸收风能较普通档距线路大得多，所以必须设计专门的防振装置，否则极有可能发生导线断线事故。

4.　超（特）高压输电线路舞动

架空输电线路的舞动是一种空气动力不稳定的现象，是输电线路导线在不均匀覆冰后在风力作用下以前的一种低频率（为 0.1～3Hz）、大振幅（为导线直径的 20～300 倍）的自激动振动，舞动严重威胁架空输电线路安全稳定运行。

由于超（特）高压输电线路与较低电压等级的输电线路相比具有导线截面

大，对地距离大、档距大、电压等级高等特点，因此防舞动设计也应该与其他线路的防舞动措施有所不同，其设计宜采取将改变覆冰形状，减轻风的激励与采取提高线路稳定性相结合的方法采用已经开发出的两种新型防舞动装置，分别是线夹回转式间隔棒和线夹回转式间隔棒双摆防舞器：

（1）线夹回转式间隔棒是通过特殊的设计，使得间隔棒的部分线夹可以自由或在一定的角度范围内回转，以达到改变冰形防止舞动目的。

（2）线夹回转式间隔棒双摆防舞器是将双摆防舞器与线夹回转式间隔棒相结合的产物，它具有改变冰形防止舞动与提高稳定性防舞动的双重防舞功能。

我国是舞动多发的国家，有必要对超（特）高压输电线路采取防舞措施在舞动发生较多的地区，建议选用回转线夹阻尼间隔棒，以克服导线不均匀覆冰的影响。超（特）高压输电线路采用 4（8、10）分裂导线的舞动情况：

（3）从舞动发生条件看，超（特）高压输电线路相同。

（4）从舞动特征看，超（特）高压输电线路相同；但相比于超高压线路，特高压线路舞动发生的频率要低许多。

（5）从舞动强度看，超（特）高压输电线路大体相当。与此推算 220kV 输电线路发生舞动的情况也是比较严重的。

发生导线覆冰跳远舞动混线断线事故。覆冰厚度达到 5cm 以上导线出现了严重的超应力运行情况。

5. 关于输电线路的检修、维护、带电作业

（1）停电检修维护工作。

1）利用盐密测试结果指导停电清扫周期，必须坚持逢停必扫（线路）的停电工作的重点工作方法。

2）涂 RTV 可以提高线路的绝缘性能，减少清扫。但运行 3 年后应怎样开展后续工作，例如如何检测、试验，判定其性能确定是否应大力推广；免维护的合成绝缘子如何推广应用等。

3）工作重点向登检和处缺方面倾斜，提高线路本体健康水平。

（2）关于输电线路的带电作业方面工作。

1）季节性测试主要有带电脱离取盐密、接头测温、测接地电阻等。

2）设备缺陷处理、事故抢修。

3）带电工器具的开发，特别是四分裂耐张更换绝缘子专用工具。

6. 老旧线路的改造问题

对老旧线路进行设备改造主要是解决的是导线、地线问题，同时还需要解决线路绝缘子老化，金具和附件的配套等。尽量减少线路路径的变动，充分利用所占的原线路通道走廊，并利用好占线路造价比例较大的铁塔和基础设施，

通过缩小工程量来降低工程资金的投入。

导线设备的老化表现为过载疲劳,初伸长加大和弹性系数降低,导线挂线弧垂不可逆转的持续加大,个别档距已接近原线路标准弧垂的20%。运行中虽经几次调整,但调整后弧垂变化速率加快,不久又恢复到原先的弧垂值,这是一个危险的信号。

导线弧垂加大后,线路也出现多处跨越和对地距离不足的情况,被迫采取撤土等安全应对措施。铁塔和架空避雷线锈蚀,以及金具、绝缘子老化,也是危及线路安全运行的一大因素,线路多次发生过绝缘子雷击断线,甚至造成两根导线同时落地的重大事故。架空避雷线 U 形螺栓疲劳断裂,使架空线掉落的重大事故险情。

改造后的输电线路,维持了原线路的绝缘标准,提高了抗污闪的爬电距离等级,加大了线路的安全运行能力。

采用大面积导线、倍容导线或耐热导线,如碳纤维导线、陶瓷纤导线等更换常规导线以对既有输电线路进行输电线路改造,可充分利用线路走廊资源及其杆塔,节约土地资源,减低工程造价,缩短工期,是既有输电线路提高输送能力改造的主要形式,同时也是一种可持续发展的电网改造形式。输电线路运行时间较长,铁塔锈蚀较常见,特别是沿海地区、污染严重的化工区尤为突出。

7. 10kV 采用架空绝缘导线的采用

为了减少树木、鸟类、积雪及气象原因引起的覆冰使配电线路故障,为提高供电可靠性,配合大城市架空配电网实施大范围的绝缘化改造,采用架空绝缘导线。

架空绝缘导线确实解决了裸导线所解决不了的线路走廊和供电安全问题,与电缆相比,它具有投资省、建设速度快的优点,但雷击断线问题确十分突出,需要特别注意。

8. 输电线路管理的特点

输电网络是电力系统重要的组成部分之一,对于整个电力系统而言,它就像人体的血管一样,是电能能够顺利传输从而得到有效利用的保障。因此输电网络的故障或者瘫痪,如线路的短路、断路,小则影响某一个供电区域的用电,大则影响整个电力系统的稳定,造成难以估量的损失。

输电线路输电网络是重要的组成部分,其设计、施工、运行和维护需要耗费大量的人力物力,因此,输电线路管理的有效性和经济性直接影响到电网的运营成本和运行效率。而设计高质量的输电线路管理系统,必须以充分了解输电线路建设运行的特点和明晰输电线路管理的需求为基础。

超(特)高压输电线路通常具有十分明显的地理特征,如输电线路的走向、跨度、变电站的位置、线路经过地区的地形和跨越及气候气象条件等情况。这种与地理要素密切相关的特点，使得线路定期巡检的工作十分繁重，也使得管理信息来源分散、种类繁多、处理的精度要求较高。

9. 输电线路管理要求

（1）能有效地管理各种空间信息（如山脉、道路、水越、建筑物、架空线路和通信线路等），以便了解输电线路和线路上各种设备环境特征。

（2）能方便地查看输电线路的各种视图（如线路单线图、杆塔定位图、设备实物图等）。

（3）能快速地查询输电线路和线路设备的数据资料（如线路的电压等级、输送容量、连接方式、路径长度、导地线型号以及杆塔和基础的型号、数量、位置及其材料表等）。

（4）能以地形地物数据为基础，结合气象等其他数据提高输电线路建设和维护的自动化信息。

（5）能以地理环境数据为输电线路维护、故障诊断和定位等提供帮助决策的信息。

15.6 电网设施在冰灾中暴露的问题和对策

1. 冰灾中暴露的问题

（1）设计标准不能适应极端气象条件。这次灾害受损的电网实施集中在海拔400m以上地域，其中海拔在600m以上的山区线路几乎都出现了倒塔现象。500kV输电铁塔受损195基，其中177基是建于海拔400m以上地区，占全部受损铁塔的90.8%。这与气象部门观测到的100~400m的过冷（冻雨）高程分布区间非常吻合。由于电网设计标准没有考虑极端气象条件下线路载荷，使高海拔区域的电网覆冰厚度大大超过设计标准。

（2）电网薄弱环节依然存在。从遭受冰冻雨雪灾害的情况看，电网薄弱环节依然存在，输电线路老化、各级电压匹配失衡、局部地区供电不足等问题依然存在。

（3）输电通道过于集中在山区。为减少政策处理的难度，许多高压输电线路走廊都集中在冰灾容易发生的高山地区，长距离、高落差、大跨越的布线，使输电铁塔承受较大的扭曲受力。在严重覆冰时容易造成断线、倒塔，甚至"全线倒塔"，而且也给抢修恢复工作带来极大的困难。

2. 电网规划和工程中应考虑抗灾要求

（1）电网规划布局尽可能避开超过500m以上高海拔地区。

（2）输电线路避让易覆冰的微气象及微地形区域，例如：

1）避开相对高差较大、连续上下山等局部地形，沿起伏不大地形布置线路。

2）尽量避免横跨山区风道、垭口、抬升气流的迎坡布线，阻断容易形成覆冰的风速条件。

3）尽可能避免跨越或紧挨湖泊、水库的布线，阻断形成覆冰的湿度条件。

（3）尽量避免输电线路重要交叉跨越，特别避免不同电压等级的交叉跨越，在必须交叉跨越时，将采用更高设计标准，防止发生覆冰时产生次生事故。

（4）尽量避让电气铁路牵引站出线、高等级公路、航道等重要交通运输设施。

第16章

10～35kV 配电网接地故障分析

16.1 10～35kV 配电网中性点接地方式选择

10～35kV 中压配电网中性点接地方式选择是一项系统工程,特别是发生弧光接地故障时,中性点经消弧线圈是否可以进行有效的熄弧一直是一个焦点。通过对中性点经消弧线圈发生弧光接地过程分析,得到结果是只要恰当的控制三相对地不平衡度,中性点经消弧线圈接地方式可以较好的控制弧光接地故障而不影响供电可靠性。

实际工程中,配电网系统常见的中性点接地方式有三种:中性点不接地、中性点经消弧线圈接地和中性点经小电阻接地。

当电网规模比较小的时候,配电网电容电流较小,一般选择中性点不接地方式。而现阶段城市配电网由于规模大,电容电流也较大(除少部分配电自动化程度较高的城市采用中性点经小电阻接地)一般城市大都采用中性点经消弧线圈接地方式。对于中性点经消弧线圈接地方式的研究分析中大都以永久性接地故障为主体,对于弧光接地故障如何控制阐述不多。中性点经消弧线圈接地对于弧光接地故障电弧的熄灭及系统过电压控制在三相对地不平衡时存在严重的不足。

小电流系统接地故障类型较多,主要可分为稳定性和非稳定性接地故障。稳定性接地故障包括金属性接地、低电阻接地等。非稳定性接地故障包括瞬时性的电弧接地、间歇性电弧接地以及发展型接地等。造成接地故障的原因很多,如线路结构性能问题,雷电闪络、避雷器瞬时击穿和导线上搭有树枝等。特殊接地故障不仅会使稳态信息选线的准确率降低,也会使暂态信息选线的受到一定的影响。

稳定性接地故障在配电网中的发生比较频繁。由于其故障过程较为稳定,稳态信息的选线方法(注入法、中电阻法)和暂态信息的选线方法(行波法、暂态法)均能作出较为准确检测和判断。但也有很多特殊的故障,如间歇性弧光接地、存在不平衡电流时的接地、发展性接地以及环网接地等故障,由于故障过程很不稳定,使故障产生的稳态零序电流不满足稳态故障判据,即:故障线路工频及暂态零序电流的幅值最大且与所有健全线路极性相反，因此稳态信息选线方法受到了一定的限制，而暂态信息的选线方法具有很大的应用空间。

16.2　10～35kV 配电网接地故障类型

（1）间歇性弧光接地故障。在配电网络中，线路的绝缘薄弱点间歇性的对地闪络以及由于某种特殊原因（例如树枝搭在导线上等）引起线路对地电弧的间歇性重燃与熄灭，都可能造成间歇性弧光接地故障。此时会引起系统暂态过电压。健全相和故障相的最大过电压分别可达线电压的 3.5 倍和 2 倍。故障时由于过电压聚集的热量会导致绝缘薄弱点击穿故障，最终发展成为永久性单相接地故障，甚至相间短路故障。

在间歇性弧光接地故障中，稳态信息选线方法的效果不是很理想。但故障产生的暂态零序电流分量不仅满足暂态故障特性判据，而且幅值大于工频稳态零序电流的幅值，因此利用暂态信息检测此类故障会具有更高的可靠性和灵敏度。

（2）存在不平衡电流的接地故障。系统中的不平衡电流可能是在一条或多条出线环网供电情况下，由于线路的性能差异或其他因素造成。系统中不平衡电流的存在会造成信号采集通道的 TA 饱和。TV 饱和会使采集信号在传递过程失真，对现有选线可靠性造成严重影响。

（3）发展型接地故障。在高阻接地故障中，由于故障零序电流很小，故障过程不明显，因此故障很难检测，但对于故障点绝缘击穿而形成的间歇性电弧接地、低阻接地、金属性接地等发展性故障，这时暂态零序电流较大，过程很明显。故此类故障是能够被检测的。

在发生单相弧光接地故障时，弧光有可能会使健全相产生几倍于线电压的过电压，而引起健全相线路绝缘薄弱点的绝缘击穿，使故障发展成为单相永久性接地故障甚至两相接地或两相接地短路故障。在发展型故障中，电弧的存在使故障过程变得很不稳定，甚至很复杂。使现有算法选线的效果不理想。但在此类故障中具有较为丰富的暂态信息提供的选线方法在解决这类故障中发挥重要作用。

1）高阻接地发展。易被检测的间歇性电弧接地故障最终发展成为永久性单相接地故障。

2）单相接地发展为两相接地故障。如某线在发生间歇性弧光接地故障，并发展成为永久性故障，在故障恢复期间穿插另一条线路接地故障，两条线路两相接地但由于接地时刻不同，没有形成相间短路故障。

3）单相接地发展成为两出线两相接地并短路故障。如某线路先发生弧光接地，期间另一条线路也发生绝缘击穿接地故障，最终形成两线两相接地短路故障。

4）环网接地故障。在环网供电情况下，如果环线发生单相接地故障，则和它一起环网供电的一条或几条线路，一般情况具有相同的故障特性，即故障线路零序电流与所有健全线路的零序电流极性相反。但在某些特殊情况下（比如故障点离母线很近）则不具有相同故障特性。

5）故障数据统计分析。某供电局在 2004 年 9 月至 2008 年 2 月所统计的多所变电站的 1826 组故障数据中，稳定性接地故障发生了 1174 次，占所统计接地故障次数（TG）的 62.7%。具有故障过程相对稳定、故障产生的稳态信息和暂态信息均满足各自的故障判据等特点，注入信号寻迹法、中电阻法及行波法、暂态法等选线方法均能准确检测和判断故障线路。

特殊接地故障发生 632 次，TG 为 37.3%。其中间歇性弧光接地故障 126 次，TG 为 6.98%，存在不平衡电流的接地故障 101 次，TG 为 5.59%，高阻接地发展间歇性电弧接地 99 次，TG 为 5.49%，单相接地发展为两相不同时接地故障 106 次，TG 为 5.88%，单相接地发展为两相接地并短路故障 106 次，TG 为 5.88%，环网单相接地故障 114 次，TG 为 6.38%

在此类故障过程中，由于故障电流微弱、电弧不稳定以及故障点位置变动等原因，造成故障过程很复杂，使稳态和暂态信息的选线方法受到一定的影响。

16.3 弧光接地、三相对地电容不平衡故障分析

（1）弧光接地的电弧模型。

1）高频熄弧理论：假定故障相在工频电压最大值发生绝缘击穿，忽略弧道电阻，近似为金属接地，且故障点的接地电弧在暂态高频振荡电流通过第一个零点时熄灭。此后每经过 0.5 个工频周期，接地电弧重燃一次。

2）工频熄弧理论：假定故障相在工频电压最大值时发生绝缘击穿，接地电弧在工频电流过零时熄灭。此后每个工频周期重燃一次。

3）介质恢复理论：不论是高频电流过零还是工频电流过零，只要满足由回路电感和电流陡度所决定的熄弧电压峰值小于弧道介质的恢复强度，接地电弧便不会发生重燃。

4）总电流过零熄弧理论：根据通过接地故障点的总电流（不论是高频或工频）过零熄弧和故障点恢复电压达到极大值时重燃而建立。

显然，上述电弧模型都具有两个过程：电弧导通与电弧熄灭。

（2）弧光接地故障的系统等值电路。配电系统发生金属性接地故障时，一般可分为弧光接地故障的电弧导通的阶段，和电弧处于熄灭阶段，若三相对地

电容平衡，且电弧熄灭瞬间通过消弧线圈电流不变。实际电网中却存在着三相不平衡，有的配电网可能三相对地电容不平衡度还相当大，若三相对地电容不平衡，配电网正常运行及电弧断开阶段，中性点存在不对称电压 U_{00}；如果要进行三相对地平衡过电压研究，可以设定为 U_{00} 为零，因此，对弧光接地电弧熄灭阶段进行全面分析。

（3）电弧影响因素及分析。消弧线圈的感性电流在电弧熄灭后继续输出，相当于系统中的接地电容与消弧线圈电感组成一个串联谐振电路，显然这不是一个零输入响应，所以从电弧熄灭时刻到下一次可能的电弧导通时刻系统中性点电压可能迅速升高，引起同样故障相电压升高过快，使电弧重燃的可能性提高。

这是由于三相对地电容不平衡引起的中性点不对称电压的存在，导致从电弧过零熄灭时刻到可能的下一次电弧重燃时刻内系统的三相对地电容与消弧线圈电感发生串联谐振，从而导致中性点电压升高过快，所以故障相恢复电压速度相应加过快，导致故障点电弧重燃。电弧的重燃—熄灭—重燃循环过程导致系统中性点电压不断升高，引起配电系统非常高过电压，最终影响用户的供电可靠性。

（4）对地电容平衡单相弧光接地故障。

1）若系统三相对地电容平衡，采用高频熄弧模型建立故障模型，即一个工频周期内，电弧重燃两次。由于系统三相对地电容平衡，则在弧光接地过程中消弧线圈电感与三相对地电容组成并联补偿回路；若电弧熄灭，由于 U_{00} 可以近似为零，所以中性点过电压较小，故障相电压恢复速度慢，所以电弧重燃的可能性大大减小。

2）故障点残流、中性点电压及系统电压。在消弧线圈投入两个周波后，故障点的残流减小明显，一些电弧由于过小而没有显出来；故障相电压在弧光接地发生的整个过程中均小于 1000V，这一数值一般小于介质的恢复强度，即电弧不会发生重燃，实际电网中的弧光接地故障在消弧线圈补偿作用下已消失。系统在发生弧光接地故障过程中没有产生较高的过电压。计算过程中设定电弧在故障相电压达到最大值是导通，而实际上由于故障电压小于介质的恢复强度，所以弧光接地故障相当于已得到有效控制，电弧已经熄灭。

3）故障相电压。在配电网三相对地电容平衡的情况下，中性点经预调式消弧线圈接地可以有效地控制弧光接地过电压。

（5）对地电容不平衡单相弧光接地故障。

配电网三相对地电容不平衡用不对称度来表示，在三相对地不平衡状况下，利用预调式消弧线圈补偿方式控制弧光接故障效果并不理想。

高频熄弧理论说明如果三相对地电容不平衡度低于 1%，电弧较容易熄灭，系统过电压相对较小。工频熄弧理论说明不论三相对地电容是否平衡，配电系统比采用高频熄弧理论的系统更容易熄弧，系统过电压也比高频熄弧理论的系统过电压低。

在小电流接地系统中，接地故障受到系统结构，天气状况，导线性能，TA、TV 异常等许多复杂因素的影响，使其过程变的更为复杂。虽然特殊故障发生的概率次数相对较小，但是如果不能很好地解决这类故障的选线可靠性的问题，那么整体选线的可靠性很难得到较大的提高。因此只有对复杂故障过程提高重视和深入研究，才能改善选线的准确率和可靠性。

中性点经消弧线圈接地系统发生弧光接地故障时，在电弧熄灭的阶段，由于三相对地电容不平衡导致中性点电压及故障相电压升高过快，使得电弧重燃引起故障点产生更大的电弧电流及更严重的系统过电压。所以在配电网设计和实际运行过程中应该注意以下两点：

1）配电网弧光接地故障时，应分析电弧熄灭过程对系统的影响。

2）只要恰当控制三相对地电容不平衡度，中性点经消弧线圈接地系统可以很好的起到熄灭电弧的作用。

第17章

葛南换流站接地极工程案例分析

17.1 葛南接地极工程建设背景

葛南换流站工程以葛洲坝为起点（全部线路无支接）至南桥为终端。输电线路途经湖北、安徽、浙江至上海全长 1045.7km，它把华东、华中这两个装机容量相当大的电网连接起来，使葛洲坝水电厂的电力源源不断地送至上海（特别是 1998 年以后经常带满负荷运行）。输电工程的建成，标志着我国高压直流输电进入世界先进列。

南桥换流站是我国第一条±500kV 葛南高压直流双极输电工程的受端，输送容量为 1200MW。葛南（湖北葛洲坝至上海奉贤南桥）±500kV 直流输变电换流站的接地极从 1989 至今已经运行了 25 年，它的建设为近年来相继投入运行的 ±500kV 天广、龙政、肇庆、枫泾、奉贤换流站的接地极和即将新建的高压直流接地极工程奠定了技术储备。

高压直流接地极从安全性和可靠性考虑，选用何种材料显得尤为重要。选择何种接地极材料显得尤为重要。由于 BS-F 复合接地极棒、BS-D 电解离子接地极等新材料的不断出现，为实现接地极材料由横放改为竖放变为可能，避免大开挖，延缓接地极的腐蚀，这是一种突破和革命，可为高压直流输电接地极安全可靠和经济运行奠定基础。从接地极施工考虑，变电站的交流接地网、接地材料（铜棒、扁钢或镀锌扁钢）水平放置和竖放都可以，但对直流接地极而言，竖放的效果会更好，因为直流输电电流随接地极的埋入深度不同，流动的途径也不同，但从安全性考虑，不希望直流输电电流在地层的表面流动。施工时，接地极要竖放，必然要进行大规模的深度开挖，这在当时的条件下是一件很困难的事情。这是一项浩大的土建工程，为避免大开挖，不得不采取水平放装，开挖两段，每段长为 320m，宽为 6m，深为 2.3m。

就远距离高压直流输电采用大地回路可以提高运行可靠性，节省电能在线路上的损耗，工程可以分期建设，具有明显的经济效益。因此，除背靠背工程外，现有的远距离高压直流输电工程几乎无一例外考虑大地回路。

葛南接地极施工时经比较选择用的钢铁、高硅钢材料运行后产生比较严重的电腐蚀和化学腐蚀。

接地极技术不够完善的有多方面的原因：

（1）材料的削溶性。目前电力系统中的交流接地的设备很少具有这种特性（埋在地下的载流导体材料由于受到电腐蚀和化学腐蚀使通流横截面积减少的现象称为消融性）。

（2）与地质、水文条件的密切相关性。几乎没有一个接地极设计能原封不动地照搬到另一个上去。

（3）大地电流流动的复杂性。理论上大地回路是以整个地球为导体（接地极只是一个端子），而电流流动则遵循最小路径原理。因此设计时要根据接地点土壤的地层的电阻率变化而决定接地极的最佳深度。

（4）由于直流接地极、交流接地网在名称上的雷同，顾名思义，相对简单的交流接地网概念、设计和运行经验往往以先入为主的方式阻碍着直流接地极技术的发展和知识传播。最重要也是最关键的是，直流接地极与交流接地网的根本区别在于，前者是以额定电流为限的长期工作电流，而后者只是发生故障时的瞬间接地电流和短路电流。因此接地极材料、截面、通电流的能力和受电腐蚀和化学腐蚀的考虑两者是完全不一样。

鉴于上述的原因，历史和客观的对葛南直流工程接地极的科研、设计、建设和运行做个总结，不仅对葛南直流工程是有益的，而且对于我国正在和即将建设的直流工程有所帮助。

17.2　接地极极址建设方案选定

接地极极址的大地参数，特别是极址大地电阻率是接地极设计和选址的重要依据，也是接地极安全运行的重要保证。国外至少有两个直流工程，由于建设前对极址地下结构了解不祥和大地电阻率测试深度不够，而被迫在投运后放弃接地极，另选新址另建新接地极。

南桥站选址：位于奉贤燎原农场境内海堤滩淤内侧，为浅埋型海岸电极，呈"一"字型布置。

葛洲坝选址：位于宜都县蒲岭岗的环型结构陆地电极。

1. 接地极的种类

接地电极分海水电极、海岸电极和陆地电极。

根据《葛南直流工程以大地和海水作回路研究技术导则》的要求，沿线大地电阻率测试，以及交接试验的全部工作在确定接地极种类前完成。

处于海水中接地电极因电阻率很小，但施工和运行维护相当困难，且造价高。海水电极单元用混凝土制成，盒子上面有检查孔，周围有孔连通海水，并有防鱼进入的措施。每只盒中有两个电极，根据电流的大小用数十个单元并联，沉入到约为15～30m海水中。陆地电极，其电阻率比较大，但施工困难必要时对接地极进行灌水，以保证土壤有一定的湿度。海岸接地电极因临近海，土壤电阻率极小，因其施工检查维护较方便，对其他设施影响也极小，一般被优先采用。

2．接地电极形状和结构

高压直流接地极按形状可分为垂直、水平、环形、星形、方形、直线形、圆筒形等；按结合方式可分为单一的整体结构和分立的组合式结构；按与大地（或海水）的结合方式可分为埋入式的和悬吊式的。

接地极形状和结构选择的最重要的思想是因地制宜，确定的原则是：

（1）维护和更换方便。

（2）选择不至于造成材料腐蚀的不均匀以至局部断脱。

葛南工程确定的方案如下：

（1）上海侧接地极为分立元件可更换结构海滩接地极，一次施工埋设环型、方型、田字型。

（2）葛洲坝侧接地极为环型陆地接地极，一次施工埋设的环型、方型或田字型。

（3）实际确定方案。

1）上海侧接地极采用海岸电极，受环境条件和征地困难等限制。故选择了目前的两分立元件水平直线布置方式。

2）葛洲坝侧接地极采用了一次埋设的环型结构陆地电极。

3．接地极材料选择的基本原则

直流接地极的常用材料有钢铁、高硅钢、高硅铸铁、含钼或铬的高硅铸铁、石墨，以及镀铂钛、铜、磁铁矿等。葛南工程接地极材料确定原则为：

（1）加工方便且经济。

（2）良好的导电性和耐电腐蚀性和化学腐蚀性。

根据接地极材料的腐蚀率试验，几种材料的腐蚀率分别为：钢铁 7～9kg/（A·a）；石墨 1.2kg/（A·a）；高硅铸铁 0.23kg/（A·a）。

1）普通钢铁、高硅铸铁和石墨都是直流接地极比较理想的材料，经用国产的上述三种材料试样在试验室进行腐蚀试验，结果表明了它们的腐蚀率分别与国外资料介绍的上述三种材料腐蚀率相比是一致的或接近的，从而证明葛南直流工程完全可以选用国内产品作为接地极材料。

2）仅仅从腐蚀特性考虑，高硅铸铁是最理想的接地极材料而普通钢材的腐蚀率最高。

3）接地极的腐蚀特性与形状有关，试验和调研结果均表明扁钢接地极电腐蚀损率低于圆钢接地极。

4）上述三种材料损耗率于电流密度有关，电流密度越大，损耗率越高。

（3）经济指标好。

（4）生成物无毒不污染环境。

葛南工程接地极材料选择为：

上海侧接地极采用高碳钢，用焦炭填充。设计中了解到在中国市场，石墨的制造长度仅仅 2m，而 640m 长的电极，将有非常多的接头。因接头固定不易，且施工困难，后改用容易买到的高碳钢埋在接地极的焦炭中。

葛洲坝侧接地极采用钢铁并以焦炭填充。

4．接地极元件分流

在调试中首先发现葛洲坝接地极由于接线电阻原因，供电电缆分配极不均衡，如果投入运行将导致地下元件材料消融性的严重不均匀性。以后上海接地极故障时又发现元件的电流分布明显改变并且不均衡。以上例子说明接地极元件分流均衡问题不仅是设计中必须考虑的重要问题，而且也是运行中对接地极进行安全监测的重要参数，值得重视。

交接试验中，南桥接地极东西段分流均衡大于 98%。葛洲坝经引线改造接地极引下线电流分配均衡度明显改善。

接地极为了运行、检修和维护方便，一般总是以两个或以上分隔的元件组成。由于地中土壤及各元件的自身电阻不均匀，元件的电流分配不均匀将导致各元件材料的消融性不均匀以致发生事故。葛南接地极工程还是明确将接地极元件分流列入交接试验项目。同时在部颁规程中规定：为确定接地极各段元件的电流分布是否均衡，应进行各段馈电元件的电流分布测量。测量工作宜在试验开始时进行。元件电流分布均衡值应满足设计要求。

5．接地电阻和电位分布

接地极的接地电阻对于限制附近土壤的温升，保证设备安全运行具有控制作用。接地电阻和电压分布直接决定接地极的跨步电压、接触电压和电流分布。

葛南工程就极址的大地参数、接地电阻和电位分布等做了大量工作，经设计、计算和测试所获得的参数以及试验标准见表 17-1。工程进行实测的 1500多个数据说明了葛洲坝接地极由于土壤电阻率较高，65%的电压升高降落在接地边缘 100m 的范围之内，而上海接地极的电压升高降落在离接地边缘 200m 的范围之内，由于接地极建在海岸，大部分电流的流向是海洋方向。工程经选用特制的铜—硫酸铜解决了上海接地极的极化效应对测试的影响问题。

表 17-1　　　　　　　　　接地极测试参数以及试验标准

测试所获得的 参数以及试验标准		接地电阻（Ω）		最大地面电位梯（V/m）	
		葛洲坝	上海	葛洲坝	上海
①泰西蒙公司 可行性报告	1983 年 12 月	0.039	0.013	—	—
泰西蒙公司 设计报告	1985 年 1 月	0.30	0.05	2.1	1.03
②武高所、蒙特利尔 大学计算报告	1986 年 8 月	0.11	—	3.1	
③华东院、④中南 院设计报告	1985～1986 年	0.04	0.05	2.1	1.03
武高所等外 加电流测试	1987～1988 年	0.086	0.029	4.95	—
工程指挥部批 准验收标准	1988 年 10 月	0.086	0.05	4.95	
系统调试测试	1988 年 6 月	0.086	0.029	4.26	≤1.5
指挥部修改 验收标准	1990 年	0.30	0.05	＞5	2.5

　　注　①泰西蒙公司—加拿大著名电力咨询公司。②武高所—武汉高压研究所。③华东院—华东电力
　　　　设计院。④中南院—中南电力设计院。

6. 大地回路对长江影响问题

葛南两端接地极与长江水系的距离很近。葛洲坝离长江仅 2km，上海在长江口外杭州湾海堤旁，采用大地回路后，是否会发生电流集中到长江中，使长江成为一条集中的导电带，从而对内河航运和生态造成影响。研究这一问题的主要思路是，先确定沿线大地和长江水电阻率，再确定长江中的电流密度程度。

为此在接地极附近岸边和安庆的长江岸标分别进行了土壤电阻率的测试。但考虑到长江上游泥沙含量较下游大，电阻率较下游要低，因此测量只能在线路送端进行。周期为每半个月在江心取水一次，根据半年多的实测，长江水电阻的参数如下。

极大值：实测为 34.97Ω·m；推荐设计值 40.0Ω·m。

极小值：实测为 27.0Ω·m；推荐设计值 20.0Ω·m。

平均值：实测为 31.7Ω·m；标准偏差：2.5Ω·m。

对长江水电阻与各地区大地电阻的比较得出的初步结论：从整体来说，利用大地或海水作回路时长江的地中电流密度不会比周围大地大得多，不会对生

态和内航带来较大的影响。

考虑到由于不同季节水中泥沙的含量不同,水电阻也不同,工程于 1984.5～1985.4,1987.1～1987.12 持续两年进行测试,得到葛南工程送端接地极附近水电阻的数据如下。

极大值:50.63Ω·m;平均值:40.52Ω·m;

极小值:27.00Ω·m;标准偏差:7.06Ω·m。

通过对长江中游黄洲、浠水等地水电阻的抽查,说明长江中下游地区的江水电阻率基本上差别是不大的。1989 年和 1990 年的两次系统调试,在葛洲坝接地极最近的长江水中测试了电压分布,其结果验证了以往经分析研究,提出的初步判断。

经过对长江水中电场的测试,得出了葛南接地极大地回路对长江的影响问题的初步结论:

(1)长江对接地极附近电位分布影响是很小的。

(2)长江没有明显改变电流的走向。

(3)不会对鱼类造成危险,对水中生物影响还有待进一步观察。

(4)对航运不存在大的影响。

7. 对地下埋设物和交流系统的影响

直流电流流经地下,将造成对金属埋设物造成腐蚀。腐蚀影响程度是由大地的地质结构,埋设物与接地极的距离等因素决定,由其对地电压来表征。钢的防腐蚀最佳电压为–1.5～–0.8V。接地极地电位及地电流分布的研究和计算,已经为其影响范围的评估提供了依据。在离接地极大约 2km 处选择了一条长度为 1300m,管径为 3m 的过江钢管为重点研究对象。通过长期监测,掌握了在正常情况下,接地极设有保护措施时(绝缘层和牺牲阳极)它的对地电压极大值、极小值及标准偏差。然后在 0～1200A 入地电流时测量大地电流对其影响程度。结果表明其变化仍在波动范围之内。说明即使在接地极半径很小的区域内地下埋设物,采用适当保护也能延缓腐蚀。

通过理论计算和现场实测,得出初步结论:葛南直流工程接地极址 10km 以外区域地下埋设物腐蚀问题是不明显的,10km 以内区域地下埋设物腐蚀可以采取措施加以限制。对于管道的防护措施,提出了电绝缘、外加电流阴极保护或两者共用的方法。接地极对交流输电系统的影响主要有:

(1)非绝缘避雷线路腐蚀,经测试,接地极对现有输电线的影响,暂不考虑。

(2)中性点接地变压器的直流偏磁,通过接地极址内的变压器中性点电流直接测,证明其远小于容许电流——变压器的交流电流额定有效值的 0.7%。

8. 接地极温度和热效应

接地极的大地电流在流散过程的焦耳损耗将导致接地极其附近大地温度的上升，假如其全部或局部过热，将导致土壤的干燥，汽化以至系统运行状态的破坏。由于地下地质参数难于确定，在接地极温度特性实验室的模拟和理论计算都存在一定困难和局限。在现场对接地极址的温度进行了实测，并收集了接地极址 20 多年的地温数据，在调试中持续反复地对接地极的温升进行监测。

在葛南线调试、试运行和正常情况下，葛洲坝接地极温升未超过 5℃，上海接地极最大温升未超过 1.5℃。在现场条件下，为准确测量接地极的温度特性，两端采用多种方法，特别注意对地下水位降低至接地极埋深以下时测量数据的分析。

9. 高压直流的运行方式

接地极利用大地和海水作回路，减少电能在线路电阻上的损耗，达到节能目的，具有显著经济效益。这主要是由于大地回路可以把两根串联运行的载流导线改并列运行，而大地电阻小到可以忽略缘故。

表 17-2   葛南线在三种运行方式下的损耗情况

损耗（kW） 运行方式	换流站 总损耗	线路电晕损耗 （计算值）	线路电晕损 （计算值、满负荷）	总损耗
MR*	10883	3904	74753	89540
LP*	10883	3904	21208 *	35995
BP*	21403	3904	21208 *	46515

* 包括接地极引线电阻损耗。

葛南高压直流的四种运行方式如下，损耗情况见表 17-2。

MR：金属回路方式。

LP：双极线并联大地回路方式（在近几年投入运行的上海地区华星和枫泾±500kV 换流站接地极的运行方式已经取消了 LP 双极线并联大地回路方式。主要是这种运行方式的适用场合很少，而且这种运行方式的操作比较复杂）。

BP：双极大地回路方式。

GR：单极大地回路方式。

1）电阻损耗。LP 方式约为 MR 方式的 1/4，线路电阻上损耗降低到接近1/4。

2）单极负荷（MR 方式）运行时，线路的损耗占工程总损耗的 80%以上，而线路电阻上的损耗在线路损耗中又占 95%。

3）GR 方式节能效益可观，与 MR 方式比较 LP 方式和 BP 方式的满负荷节能容量相当大。

4）与 BP 方式相比，虽然线路的电阻损耗是相同的，但是由于运行的换流阀不同，换流站的总损耗相差接近一倍左右。在负荷小于单极容量的前提下，采用 LP 方式仍有一定的经济效益。

5）GR 与 MR 方式相比总的节能效率达到 3% 左右。

17.3　南桥接地极工程分析

泰西蒙公司咨询设计的接地极于 1988 年建成，1989 年随极 I 投入运行使用。1990 年和 1991 年先后发生二次烧坏事故后修复。1992 年略作改进（增加测温孔洞 6 只并将 35kV 架空引线电缆呈现地面）。1998 年 7～9 月满负荷试运行成功。

2001 年底至 2002 年初重新另建第二条接地极工程(大约离第一条 10m 外)，使用材料基本相同。在 2002 年、2003 年迎峰度夏中带满负荷运行充分发挥了作用。现在新建接地极作长期运行，第一条接地极作备用。

2010 年底枫泾换流站建成投入运行后接地极和南桥换流站接地极合并运行。

1. 接地极址概述

南桥变电站是一座既有交流又有直流的 500kV 变电站，其中 220～500kV 交流系统属于大电流接地系统，当交流系统发生单相接地或二相短路接地和三相短路故障时，主变压器中性点就会有分支故障电流有可能流过接地极，所以按规定要将换流站接地极安放的距离变电站起码 8km 以外，以保证直流输电的安全。

葛洲坝换流站地处山区，接地极离换流站 32km 左右，采用典型的浅埋型陆地电极，埋深 2m，焦炭层厚 300mm，圆环直径 300m。南桥接地极临近东海边位于燎原农场境内海堤内侧。

与交流输电不同，除在变电站配置接地网外，高压直流换流站接地极必须在距离变电站外 8km 处埋设。

整个接地极全长 640m，分成两段中间间隔 2m，每段长度为 320m，沿堤平型放置，属于浅埋型海岸电极"一"字形布置。通过电缆与接地极架空线路连接。接地电极由 3 根直径为 φ100mm 圆钢呈品字形布置并焊接在一起，埋于地面下 2m 处。工程浩大，土壤大开挖 2.4m，底部铺以宽 600mm，厚 600mm 焦炭层，将实心圆高碳钢电极至于焦炭层中心偏上处（下厚 400mm，上厚 250mm）焦炭层上面覆盖土壤。在每段接地极上方开有 3 个渗水孔，孔内用黄沙碎石填充以利渗水。

新建一条接地极为 6 个渗水孔，每段接地极的两段和中部各埋 3 根 ϕ 100mm 的 PVC 空芯管子，总共 18 根，分别埋设备于接地极处和焦炭层上部，用于温度、湿度的测量。

2. 接地极电气参数

（1）正常额定电流：1200A；

（2）最大短时电流：1650A（10s）；

（3）最大连续电流：1320A；

（4）接地电阻：小于 0.05Ω实测 0.019Ω；

（5）电流密度：0.86A/m²；

（6）跨步电压：小于 0.17V/m（实测值）；

（7）容许温升：小于 90℃。

3. 接地极设计寿命

接地极寿命 S_j 的计算公式为

$$S_j = IF_x N_x y_x$$

式中　I——额定电流；

　　　F_x——负荷系数；

　　　N_x——年运行小时；

　　　y_x——裕度系数。

（1）单极运行。运行初期 6 个月考虑单极运行，负荷系数考虑 0.7，但是也考虑有可能延长运行或高于估计系数，再乘 1.33 裕度系数。计算式为

$$1200A×0.7×8760h/a×1.33×0.5≈4.9×10^6 A·h$$

（2）双极运行（单极强迫停运）、强迫停运的能量不可利用率 0.5%（设计目标值）。单极作为阳极运行的可能率假定为 0.7（阴极运行不损耗材料），双极运行年限以 35 年估计，满负荷运行（因失去一极负荷；健全极总要加满负荷）。计算式为

$$1200A×0.7×8760h/a×0.005×35a×2≈2.6×10^6 A·h$$

（3）双极运行（单极计划停运）、计划停运每极按 1.5%考虑（设计目标值），单极作阳极运行的可能率为 0.5，其余同单极强迫停运。计算式为

$$1200A×0.5×8760h/a×0.015×35a×2≈5.5×10^6 A·h$$

（4）双极不平衡运行、双极最大不平衡电流为 1%。计算式为

$$1200A×0.01×8760h/a×35a≈3.7×10^6 A·h$$

（5）总共设计寿命。计算式为

$$(4.9+2.6+5.5+3.7)×10^6=16.7×10^6 A·h≈1900A·a$$

南桥接地极在 1992 年改造设计中接地极寿命为 1347A·a，按 70%考虑。

4. 接地极线路

接地极线路全长 32.91km，按交流 35kV 电压等级设计，全线架设两根截面为 400mm^2 铜芯铝绞线（LGJQ-400），沿线路全线架设避雷器。线路绝缘子采用国产渌江电瓷厂制造直流盘型绝缘子，耐张串 3 片，悬垂串 2 片。线路的杆塔全部采用铁塔，共 106 基，在离换流站出线 2km 范围内的铁塔，另设工频接地极，接地材料为 ϕ 10mm 圆铜棒，工频接地电阻为 10Ω，埋深 0.8m，其他铁塔另设防雷接地，利用铁塔自然接地。接地极和接地线路对通信设施无危险影响，干扰影响在容许范围内。

5. 监视系统

监视系统由现场数据采集系统和换流站数据接收与监视系统两部分组成。采集系统完成对接地极电流、温度、环境温度数据采集。（包括的电源测量和监视），并通过无线电将数据传送到站内数据接收与监视系统。运行人员通过站内数据接收与监视系统对接地极进行监视。

6. 接地极运行

葛南线在 BP、LP、GR 三种接线方式时接地极处于运行状态。在 MR 接线方式时处于隔离状态，由站内接地。

葛南双极输送直流电流为 1200A，电压±500kV，两端接地极均按阳极考虑，使用时间原则上每年阳极运行时间不超过 800000A·h。

进入运行中接地极围栏内，应穿绝缘靴，接触金属物体时应戴绝缘手套，严禁携带金属管、棒等工具材料进入。接地极的铁丝门应加锁，在运行中接地极围栏内工作、巡视检查等，应得到值班员许可。

严禁在接地极埋设处开挖沟道和取土、对于自然破坏河水冲刷应立即修复。

接地极如被水浸没，不得进入运行中的接地极。发现接地极周围泥土枯焦，应加强监视，并由当值向总调汇报，必要时要经渗水孔灌水，严重时由当值向总调提出申请直流减负荷或停役。

7. 巡视检查内容

（1）标示栏和防护遮栏确认完好无损。

（2）6 根温度计、湿度计测量的 PVC 空芯管是否被淤泥堵塞。

（3）附近有否开挖沟道和取土现象。

（4）表面是否遭自然破坏（冲刷和下陷）。

（5）接地极与架空线相连的电缆接头应完好，不过热。

（6）接地极数据采集装置是否完好。

接地极在运行期间，（现场设保险站雇用当地人员巡视汇报）每天检查控制室监视系统显示的接地极电流、温度数值，每月定期现场巡视检查一次，做好记录，发现问题及时汇报进行维修处理。遇到天气异常，台风后、洪水、及长时间 GR 方式运行时应进行特别现场巡视。

8. 事故及故障处理

（1）接地极故障主要有接地极线路过电流、单线断线、双线断线等，故障现象有接地极表层泥土严重枯焦，出现大面积下沉、陷塌。

（2）南桥接地极烧坏事故

葛南直流输电正常运行是 BP 方式。在单极运行时可采用 GR、或 LP、MR 方式。

1989 年极 I 系统投入运行后，采用 LP 方式，以降低直流输电损失。1990 年 6 月和 1991 年 6 月南桥接地极曾经发生二次烧坏事故，检修时间比较长。1990 年有 4 个月，1991 年修复 4 个月在此期间采用 MR 方式。直流工程投入运行后，由于设备检修完善，使双极运行时间比较短，而 GR 或 LP 方式运行时间比较长，尤其是相对极 I 系统时间最长，此时接地极为阳极运行方式。

1990 年 6 月 1 日南桥接地极烧坏，极 I 停运。当时极 I 单极运行，潮流方向为南桥送葛洲坝，GR 方式，电压为额定电压 500kV，定功率，南桥为主控站，输送功率为 300MW，定交流电压。故障时间为 11 时 58 分，故障后改为单极 MR 方式送电（当时正进行极 II 和双极系统调试阶段）。

根据分析损坏的原因，是由于在做咨询设计时对接地极钢棒导体的腐蚀估计太小，认为只有 1.0kg/（A•a），而在故障后开挖实际测计算腐蚀约为 7kg/（A•a）。此外对埋设在地下的电缆铜导线与钢棒焊接处的腐蚀，钢棒与钢棒之间焊接缝的腐蚀重视不够。连接架空线的电缆所使用的外绝缘材料选型不当，即不应含有氯离子，否则在高温下会加强土壤的酸性等。后决定再改建一个接地极。

（3）目前接地极运行还存在的问题。

从葛南高压直流输电运行 25 年实践中我们真正认识到直流接地电极是保证直流系统安全可靠和经济运行的非常重要的设备，换流站应该也必须有一个良好的接地极。

1）投运开始 2 年时间内，在直流输送功率远低于额定值情况下，接地极设备因腐蚀损耗导致烧坏，设备寿命损耗极快。虽然 1990 年和 1991 年 2 次接地极烧坏后均做了修复和改进，2002 年初重新另建第二条接地极，但使用材料和工艺方法基本相同。

2）双极系统直流设备，提高双极系统运行率，尽量采用 BP 方式，减少 GR 方式运行时间，减缓接地极设备消耗速度，增加接地极运行可靠性。为降低线路输电损耗，在直流单极运行时，采用 LP 方式或 GR 方式，尽量少用 MR 方式。

第18章

数字化变电站工程案例

18.1 数字化变电站概述

数字化变电站是由电子式/光电互感器、智能化开关等智能化一次设备、网络化二次设备分层构造，建立在 IEC 61850《变电站通信网络和系统》的通信协议基础上，能够实现变电站内智能电气设备间信息共享和互操作的现代化变电站。数字化已成为未来变电站自动化技术发展的主流。

IEC61850 是用于变电站通信网络和系统的国际标准，对于保护和控制等自动化系统（SAS）的设计产生深刻的影响，它不仅应用于变电站内而且还运用于变电站与调度中心之间以及各级调度中心之间。

1. 标准来源

IEC 61850 提出了一种公共的通信标准，通过对设备的一系列规范化，使其形成一个规范的输出，实现系统的无缝连接。

IEC 61850 标准是基于通用网络通信平台的变电站自动化系统唯一国际标准，它是由国际电工委员会第 57 技术委员会（IEC TC57）的 3 个工作组（10、11、12）负责制定的。

此标准参考和吸收了已有的许多相关标准，其中主要有：IEC 870-5-101《远动通信协议标准》；IEC 870-5-103《继电保护信息接口标准》；UCA2.0 由美国电科院制定的变电站和馈线设备通信协议体系（Utility Communication Architecture2.0）；ISO/IEC 9506 制造商信息规范 MMS（Manufacturing Message Specification）。

变电站通信体系 IEC 61850 将变电站通信体系分为 3 层：变电站层、间隔层、过程层。

在变电站层和间隔层之间的网络采用抽象通信服务接口映射到制造报文规范（MMS）、传输控制协议/网际协议（TCP/IP）以太网或光纤网。在间隔层和过程层之间网络采用单点向多点的单向传输以太网。变电站内的智能电子设备（IED，测控单元和继电保护）均采用统一协议，通过网络进行信息交换。

IEC 61850 为大多数公共实际设备和设备组件建模。这些模型定义了公共数据格式、标识符、行为和控制，例如变电站和馈线设备（诸如断路器、电压调节器和继电保护等）。自我描述能显著降低数据管理费用、简化数据维护、减少由于配置错误而引起的系统停机时间。

IEC 61850 作为制定电力系统远动无缝通信系统标准的基础，能大幅度改善信息技术和自动化技术的设备数据集成，减少工程量、现场验收、运行、监视、诊断和维护等费用，节约大量时间，增加自动化系统使用期间的灵活性。它解决了变电站自动化系统产品的互操作性和协议转换问题。采用该标准还可使变电站自动化设备具有自描述、自诊断和即插即用（Plug and Play）的特性，极大地方便了系统的集成，降低了变电站自动化系统的工程费用。

在我国采用该标准系列将大大提高变电站自动化系统的技术水平、提高变电站自动化系统安全稳定运行水平、节约开发验收维护的人力物力、实现完全的互操作性。

2. 标准特点

IEC 61850 标准是由国际电工委员会（International Electro technical Commission）第 57 技术委员会于 2004 年颁布的、应用于变电站通信网络和系统的国际标准。

IEC 61850 系列标准共 10 大类、14 个标准，IEC 61850 的特点有以下几点。

（1）定义了变电站的信息分层结构。变电站通信网络和系统协议 IEC 61850 标准草案提出了变电站内信息分层的概念，将变电站的通信体系分为 3 个层次，即变电站层、间隔层和过程层，并且定义了层和层之间的通信接口。

（2）采用了面向对象的数据建模技术。IEC 61850 标准采用面向对象的建模技术，定义了基于客户机/服务器结构数据模型。每个 IED 包含一个或多个服务器，每个服务器本身又包含一个或多个逻辑设备。逻辑设备包含逻辑节点，逻辑节点包含数据对象。数据对象则是由数据属性构成的公用数据类的命名实例。从通信而言，IED 同时也扮演客户的角色。任何一个客户可通过抽象通信服务接口（ACSI）和服务器通信可访问数据对象。

（3）数据自描述。标准定义了采用设备名、逻辑节点名、实例编号和数据类名建立对象名的命名规则；采用面向对象的方法，定义了对象之间的通信服务，比如，获取和设定对象值的通信服务，取得对象名列表的通信服务，获得数据对象值列表的服务等。面向对象的数据自描述在数据源就对数据本身进行自我描述，传输到接收方的数据都带有自我说明，不需要再对数据进行工程物理量对应、标度转换等工作。由于数据本身带有说明，所以传输时可以不受预先定义限制，简化了对数据的管理和维护工作。

（4）网络独立性。IEC 61850 标准总结了变电站内信息传输所必需的通信服务，设计了独立于所采用网络和应用层协议的抽象通信服务接口（ASCI）。在 IEC 61850-7-2 中，建立了标准兼容服务器所必须提供的通信服务的模型，包括服务器模型、逻辑设备模型、逻辑节点模型、数据模型和数据集模型。客户通过 ACSI，由专用通信服务映射（SCSM）映射到所采用的具体协议栈，例如制造报文规范（MMS）等。IEC 61850 标准使用 ACSI 和 SCSM 技术，解决了标准的稳定性与未来网络技术发展之间的矛盾，即当网络技术发展时只要改动 SCSM，而不需要修改 ACSI。

3. 系列标准

IEC 61850 系列标准共包含 10 个部分：

IEC 6l850-1（DL/T 860.1）基本原则；

IEC 61850-2（DL/T 860.2）术语；

IEC 61850-3（DL/T 860.3）一般要求；

IEC 61850-4（DL/T 860.4）系统和工程管理；

IEC 61850-5（DL/T 860.5）功能和装置模型的通信要求；

IEC 61850-6（DL/T 860.6）变电站自动化系统结构语言；

IEC 61850-7-1（DL/T 860.71）变电站和馈线设备的基本通信结构——原理和模式；

IEC 61850-7-2（DL/T 860.72）变电站和馈线没备的基本通信结构——抽象通信服务接口（ACSI：Abstract Communication service interface）；

IEC 61850-7-3（DL/T 860.73）变电站和馈线设备的基本通信结构——公共数据级别和属性；

IEC 61850-7-4（DL/T 860.74）变电站和馈线设备的基本通信结构——兼容的逻辑节点和数据对象（DO：Data Object）寻址；

IEC 61850-8-1（DL/T 860.81）特殊通信服务映射（SCSM：Special Communication Service Mapping）：到变电站和间隔层内以及变电站层和间隔层之间通信映射；

IEC 61850-9-1（DL/T 860.91）特殊通信服务映射：间隔层和过程层内以及间隔层和过程层之间通信的映射，单向多路点对点串行链路上的采样值；

IEC 61850-9-2（DL/T 860.92）特殊通信服务映射：间隔层和过程层内以及间隔层和过程层之间通信的映射，映射到 ISO/IEC 8802-3 的采样值；

IEC 61850-10（DL/T 860.10）一致性测试。

4. 标准优势

IEC61850 标准具有如下优势（包括工程配置流程）：

（1）它对变电站内 IED（智能电子设备）间的通信进行分类和分析，定义了变电站装置间和变电站对外通信的 10 种类型，针对这 10 种通信需求进行分类和甄别。

（2）针对不同的通信，采用不同的优化方式。引入 GOOSE（面向通用对象的变电站事件）、SMV（采样测量值）和 MMS［3］（制造报文规范）等不同通信方式的通信方式，满足变电站内装置间的通信需求。

（3）建立装置的数字化模型，理顺功能、IED、LD（逻辑设备）、LN（逻辑节点）概念的关系和隶属。统一功能和装置实现直接的规范。

（4）建立统一的 SCD（变电站系统配置描述文件），使得各个变电站尽管在电压等级、供电范围、一次接线方式等等不尽相同的情况下，依然能够建立起一个统一格式、统一实现方式、各个厂商通用的变电站配置。

（5）首次提出过程层概念和解决方案，使电子式互感器的得以推广和应用。

18.2　一致性测试

由于数字化变电站中网络通信非常复杂，因此有必要对其产品和系统的通信行为进行一致性测试。

一致性测试是协议测试的一个重要方面，是性能测试、互操作性测试和健壮性测试的基础，旨在检验所实现的协议实体（或系统）与协议规范的符合程度（而验证则是检查形式化规范的内部一致性），即测试一个协议给定实现的外部行为是否符合协议的规范。一致性测试是一种黑盒测试，不涉及协议的内部实现，只是从外面的行为来判断协议的实现是否符合要求。

1. 一致性测试的层次

一致性测试从上至下有三个层次：

（1）面向系统性能的测试。

（2）面向应用功能的测试。

（3）面向通信服务的测试。

面向通信服务的互操作是获得面向功能互操作的基础，而面向功能测试与工程实际应用关系更加密切。面向系统性能的测试可以确认整个系统在应用中的性能问题。这三个层次的测试难度是不同的，面向通信服务相对最简单，而面向系统性能测试则相对最困难。现阶段各检测机构所作的一致性测试都是根据 IEC 61850-2004 进行面向通信服务的测试。考虑到实现的难度，可分阶段实施。

2. 利用 IEC 61850-2004 进行测试的局限性

（1）测试范围的局限性，目前 IEC 61850-2004 服务器的测试案例没有规定客户端的测试案例和方法。因此，只能用于测试间隔层的保护、测控设备的一致性，对于变电站层的监控、远动、工程师站等设备无法进行测试。

（2）是面向通信服务和模型的测试而不是面向功能测试。IED 通过 IEC 61850-2004 测试只是表明其基本通信服务是与 IEC 61850-2004 一致的。但无法保证 IED 的功能的一致性。从工程角度看，有必要对 IED 进行全面测试（包含功能测试），才能保证通过测试的 IED 在工程实际系统正常，真正实现互操作。

3. 面向功能测试平台的构建。系统遵循如下原则进行建立

（1）构成系统的设备具有良好一致性；选择通过 IEC 61850 一致性测试的设备作为间隔层标准服务器，用于测试变电站层客户设备。

（2）测试的通信过程能够被记录和分析；使用符合 IEC 61850 通信协议工具对测试的通信过程进行全面的记录，便于分析问题。

（3）与 IEC 61850 测试案例相结合。针对功能测试所暴露出的 ACSI 通信服务问题，利用 IEC 61850 测试，使用面向通信服务的测试平台。

4. 测试系统组成

（1）变电站层：采用实际的监控系统作为 IEC 61850 客户端对待检间隔层设备进行测试。

（2）间隔层：采用通过测试的保护设备和测控设备作为标准 IEC 61850 服务器端，对待检变电站层设备进行测试。

（3）网络设备：用于组网的网络交换机、通信过程记录的 IEC 61850 协议分析记录设备。

（4）测试仪器：继电保护测试仪等。

5. 测试内容

（1）变电站层 IED 测试。

1）系统配置工具和变电站层 IED 通用测试内容：系统配置工具能够处理标准 IED 的 ICD 文件，能够对 GOOSE 进行配置，生成的 SCD 或 CID 文件符合 IEC 61850 标准。

2）监控系统与 IED 进行通信，实现四遥（遥信、遥测、遥控、遥调）功能。四遥信息能够在画面上正常显示，对于事件能够产生告警信息，可以进行遥控。对于保护装置，可以正常接收保护事件和录波信息，并使两者正确关联。能够正确召唤、编辑、更新、切换保护定值，能够判断通信中断、进行双网切换。

3）远动系统能够与标准 IED 进行正常通信，正确收集四遥信息，能够判断通信中断、进行双网切换，能够完成站内数据（IEC61850）与远动数据正确转化。

4）故障信息子站能够与标准保护 IED 进行通信，能够正确收集标准保护

IED 的录波文件，能够对定值进行召唤、编辑、更新和切换。

（2）间隔层测试。间隔层测试包括保护、测控、录波。

1）公共文件的检查（人工），看服务器或模型是否有明显不满足的地方。

2）IED 文件的合法性静态检测（软件工具），将不符合项进行定位和显示，并输出测试结果。IED 数据模型内外描述的一致性（软件工具）。

3）网络中断检测，检查 IED 是否能够自动判断出通信中断。

4）双网络切换，软件工具应能够以差异明显的色彩表示 A、B 两网的运行工况，包括运行、备用。需要判断 IED 是否能够顺利地进行双网切换。

（3）保护装置测试。

1）完成间隔层 IED 公共测试项内容。

2）遥测对遥测量进行显示，判断是否正确。

3）遥信对遥信量进行显示。判断是否正确。

4）遥控以 SBOes 直控方式对保护装置进行控制，例如切换软连接片装置复归。

5）定值召唤、编辑、更新、切换保护定值，编辑并更新定值切换定值组。

6）保护事件和录波文件，以报告方式上送，文件格式及文件命名方式与 IEC 61850-2004 的工程实施规范是否一致。

（4）测控装置测试。

1）完成间隔层 IED 公共测试项内容。

2）遥测保护接测试仪，输入模拟量，软件工具对遥测量进行显示，判断是否正确。

3）遥信保护接测试仪，输入开关量，并发生变位，软件工具对遥信进行显示，判断是否正确。遥控以 SBOes 以及直控方式对保护装置进行控制，例如切换软压板，装置复归等。

4）GOOSE 测试被测试 IED 与测试平台上标准的测控装置进行逻辑互锁。双方按照事先定义的测试案例进行逻辑闭锁测试。

（5）录波装置测试。

1）要完成间隔层 IED 公共测试项内容。

2）接保护测试仪，做保护实验使保护动作，使录波装置录波。

3）产生录波文件。软件工具读录波文件，判断录波文件格式及文件命名方式与 IEC 61850-2004 是否一致。

6. 应用情况

在实际应用中发现，几乎所有被测设备或多或少都存在各种问题，例如 IED 文件格式不对，ICD 所描述的模型与 IED 实际运行的模型不一致，召唤保护定值等功能实现不正确等。针对 ACSI 通信服务问题，使用面向服务的测试工具，利用 IEC 61850-9-2 所定义的有关测试案例进行进一步测试，找出问题根源。测试证明向功能测试平台的有效性和实用性。

18.3　电能计量

1.　与传统电能计量方式的区别

（1）输入信号类型不同。光电式互感器的出现是数字化变电站技术应用的主要标志之一。根据 IEC 61850 规定，光电式互感器具有模拟输出或数字输出或者两者兼有的信号输出方式，其中模拟输出不再是传统电磁式互感器的 100V/5A，而是低压小信号，更重要的是具有数字输出方式，这是传统变电站计量中所没有的。

（2）计量系统与其他系统间的信息集成化。常规变电站二次系统采用单元间隔方式分布，电能计量设备与其他（如监控、保护、故障录波等）装置之间相对独立，功能单一。而在数字化变电站中，间隔层一般按断路器间隔划分，电能计量设备与其他测控或继电保护装置通过局域网或串行总线与变电站联系，且往往监控、保护与计量等功能集成在统一的多功能数字装置内，可以实现设备之间的信息交换与共享。

（3）数据通信方式不同传统电能计量系统利用金属电缆的模拟量通信模式，这种模式接线复杂，抗干扰能力差，二次回路负荷变化将直接影响传统互感器的输出，从而影响电能计量的准确性。

而在数字化变电站中，利用现场总线技术实现变电站过程层的通信已经得到应用，数据的采集和传送不再是模拟量的点对点方式，而采用集中采集和处理，以网络通信的方式传送。

2.　光电式互感器应用对电能计量的影响

根据传感头设计原理的不同可以分为有源型和无源型两种光电互感器。前者在高压端采用新型传感头得到性能优越的电信号，利用光电转换为数字信号传输到低压端；后者主要是利用电光效应（电压传感器）和磁光效应（电流传感器）调制光信号，传感过程中不涉及电信号。虽然两者的传感原理差别很大，但传感特性和输出接口却存在很多共性，影响着数字化变电站中的电能计量，主要体现在以下几个方面：

（1）频率响应范围宽，谐波测量能力强。电能表按不同的使用场合分为直接接通式和经互感器式接通式两种。光电式互感器电能表由于主要用在高压或中压，需要用互感器将一次系统的高电压或大电流降为电能表可以接受的电压电流信号，从而准确安全地进行计量。在这种情况下，当电压或电流发生畸变

193

时，互感器对电能计量的影响主要表现在两个方面：

1）互感器能否把一次侧的谐波信号正确地传送到电能测量仪表的端子；

2）互感器本身是否会产生谐波电量影响电能表等各种测量仪表。光电式互感器的频率范围主要取决于相关的电子线路部分，频率响应范围宽，一般可设计到 0.1Hz～1MHz，特殊的可设计到 200MHz 的带宽。因此，电光式互感器可以测量高压电力线路上的谐波，将谐波信号传送给电能测量仪器仪表，使得谐波电能的准确计量成为可能。而这点对于传统电磁式互感器来说是难以做到的。

（2）不含铁心，消除了磁饱和及铁磁谐振等问题。传统 TA/TV 不可避免地存在磁饱和及铁磁谐振等问题，对电能计量造成负误差。光电式互感器。不用铁心做磁耦合，因此消除了磁饱和及铁磁谐振现象，从而使互感器暂态响应好、稳定性好，保证了系统运行的高可靠性，减小了电能计量误差。

（3）动态范围大，测量精度高，传统 TA 由于存在磁饱和问题，难以实现大范围测量，同一互感器很难同时满足测量和保护需要。光电式互感器则有很宽的动态范围，可同时满足两者的需要。

（4）数字接口，通信能力强，系统整体精度高，数字化变电站采用分层分布式结构。光电式互感器较传统互感器的最大区别在于直接提供数字信号。正是这个区别对电能计量产生很大影响。

（5）电磁式互感器的误差随二次回路的负荷变化而变化，产生的系统误差不可预计。而光电式互感器传送的是数字信号，因而完全不受负载的影响，系统误差仅存在于传感头自身。当作为测量应用时，由于光电式互感器下传的是光数字信号，与通信网络容易接口，光线传输过程中没有附加测量误差。在测量中的 A/D 转换也没有附加误差，即使是相同等级精度上，数字式测量系统的整体精度也要比一般常规系统高得多。

3. 电能计量设备的数据接口

光电式 TA/TV 的国际标准规定了两种接口输出方式：

1）模拟信号输出：额定值为 4V（测量）及 200mV（保护）；

2）数字信号输出：额值为 2D41H（测量）及 01CFH（保护）。

实现光电式互感器与二次设备的接口的数据传输主要有两种方式：一种将光电式互感器的输出信号转化为低压模拟量，此时二次设备无需改动，其 A/D 转换器旧保留；另一种将数字化输出的光式互感器直接与数字式二次设备连接，此时二次设备上的隔离变压器和 A/D 转换器均可省略。

模拟接口是为了利用变电站已有模拟接口二次设备的一种过渡措施，数字接口是变电站通信对光电式互感器的最终要求，无论从系统可靠性还是技术发展角度考虑，第二种方式都更具有优势和革新意义。

光电式互感器二次侧采用数字输出，把电压和电流采样信号用数据包的方发送给二次电能量表计，这种数据传输方式不是实时的，暂不符合目前实时电能计量方式，需要进行一些基础研究工作才能使用。例如，需要解决使用数据包计算电能，研制数字电能表，编写数字电能表国家标准问题。

18.4 现场调试技术实例分析

本小节以某 110kV 数字化变电站为例介绍现场调试技术。

1. 数字化变电站的基本情况

（1）一次设备采用传统的断路器设备，因此需要在断路器场加装智能单元，将数字式保护开出的光信号转化为模拟信号，实现断路器远方操作。

（2）二次设备均采用数字化设备。变压器分 3 个电压等级：110kV 侧为内桥接线；35、10kV 侧为单母线分段的接线方式。

（3）变压器差动及后备保护采用 X7210-F-A 型保护，高压侧、中压侧的电流、电压信号经过合并器 OEMU702 合并后分别经过一根光纤引入保护装置。低压侧的电流、电压信号经过 10kV 就地智能单元 XA702 采集后经一根光纤引入保护装置。保护的开出信号通过光纤分别引入 3 个室内智能单元。

（4）室内智能单元 XA701N 与高、中压侧的室外智能单元 XA701W 及低压侧的智能单元 XA702 通过光纤以太网进行通信。

（5）室外智能单元将室内智能单元的跳闸信号转化为模拟量接入至传统的开关跳闸回路，并负责将就地的信息（包括断路器位置信息、隔离开关位置信息、闭锁信息、告警信息等）转化为数字量传输至室内智能单元。变压器非电量保护装置设在变压器本体附近，采集由智能单元 XA703 完成。

2. 保护装置调试项目

数字化变电站的保护调试方法与传统保护的调试方法基本上是相同的，但也存在差别。IEC 61850-9-2 标准按通信体系及设备功能将变电站自动化系统分为三层：变电站层、间隔层、过程层。光数字保护装置属于间隔层设备的一部分，此外还有控制及监视单元不能将它们分裂开来。变压器保护的调试项目有：

（1）采样精度及相序检查。

（2）保护功能测试（包括变压器差动保护，三段式复压过电流保护，过负荷起动风冷，过负荷闭锁调压等）。

（3）测控装置联调。

（4）带断路器跳闸测试。

变压器保护的调试时间及信号在光纤网络中的传输时间，由于"某"公司生产的 PWF 光数字保护测试仪与另一公司的变压器保护采用的通信标准不一致，需指出的是，在试验过程中，通过此种方法向保护装置加入的电流量并不是很准确，误差一般在 2%～3%。到目前为止，国内还没有通用的光数字保护测试仪器。

此外，变压器保护装置作为间隔层的一部分，需要把变压器保护与测控装置紧密联系起来。光数字保护的每一个动作或报警号都应该在后台显示，并且时间上应牢牢对应。

3. 测试整组时间及网络传输时间

试验过程中，将录波器放置在保护装置附近，并铺两根长距离电缆至 110kV 断路器本体及智能单元，引入断路器本体的跳闸接点及室外智能单元的操作箱跳闸输入接点。先合上 110kV 侧断路器，启动录波器后，向保护装置注入故障电流使差动保护动作，断路器跳开后，停止录波。变压器保护室内智能单元 A/D 转换 110kV 侧断路器光纤硬接线注入故障电流录波器采集故障电流操作箱的跳闸输入接点断路器跳闸回路接通 110kV 分段母线模数转换器光纤操作箱室外智能单元硬接线。

变压器保护的报文显示及录波图中可以看出：差动保护的动作时间为 18ms，从保护通入故障电流至室外智能单元操作箱跳闸输入接点闭合的时间为 43ms，从保护通入故障电流至断路器跳闸接点闭合的时间为 53ms。保护的启动时间需要 4ms，断路器室外智能单元的继电器动作时间需要 7ms，保护信号在光纤回路中的传输时间为 14.3ms。重复相同的步骤，对变压器保护跳中压侧、低压侧断路器的网络传输时间进行测试，结果与高压侧近似相等。因此可以得出结论，变压器保护跳闸信号在光纤网络中的传输时间是稳定的，并且是符合要求。

4. 现场调试小结

（1）数字化变电站的一致性测试，面向通信服务的互操作，有很大的局限性，不能满足工程的需要，而面向功能测试平台的方案，完成了测试平台的建设，投入应用并取得了良好的实际效果。

（2）保护装置整组动作时间及网络传输时间的测试方案只能适用于一次设备是传统开关设备，二次设备是数字化装置的过渡型的变电站。对于一次设备也采用智能断路器的变电站，其跳闸信号传输过程将省去室外智能单元信号等一系列中间环节，理论上保护整组动作时间及网络传输时间将更快。

（3）各生产厂家对 IEC 61850 标准的理解不一致，并且在国内还没有对标准中存在差异的地方有进一步的规定，因此导致不同厂家生产的产品之间不能够有效地实现光纤数字通信，同一个变电站所订购的二次设备必须是同一厂家产品。

（4）光电互感器没有专门的实验仪器进行校验。对于较高等级的光电互感器的精度校验、指针表读数的方法很难达到要求。数字化变电站许多工作可以在设备出厂前完成。由厂家提供相应的出厂报告，现场只需对设备进行组装及检查，这样，既能大大减少了基建过程中的调试工作量，又能缩短变电站的投运时间。

18.5 常规变电站数字化改造工程要点

我国微机保护在原理和技术上已相当成熟。常规变电站发生事故的主要原因，在于电缆老化、接地造成误动、TA/TV 特性恶化和特性不一致、保护连接片切换容易出错等。这些问题在数字化变电站中都能得到根本性的解决。

数字化变电站中采用电子式互感器根本性地解决了 TA 动态范围小及饱和问题，从源头上保证了保护的可靠性。信息传递全部采用光纤网络后、二次回路设计极大简化，保护连接片、按钮和操作把手大大减少，显著减少了运行维护人员的"三误"事故，光纤的应用也彻底解决了电缆老化问题，系统的可靠性得到充分的保障。

数字化变电站是以变电站一、二次系统为数字化对象，对数字化信息进行统一建模，将物理设备虚拟化，采用标准化的网络通信平台，实现信息共享和互操作，满足安全、稳定、可靠、经济运行要求的现代化变电站。

（1）数字化变电站主要特征。

1）一次设备职能化。

2）二次设备网络化。

3）符合 IEC 61850-9-2 标准，即数字化变电站内的信息全部做到数字化、信息化，通信模型达到标准化，使各种设备和功能共享平台。这使得数字化变电站在系统可靠性、经济性、维护简便性方面均较常规变电站有大幅度提升。

（2）采用基于 IEC 61850 标准的设备数字对化变电站系统进行改造，在站控层和间隔层实现 IEC 61850 数据对象模型和服务，非 IEC 61850 标准的 IED 采用规约转化器接入。

（3）应用智能操作箱，对于过程层，由于断路器、隔离开关等一次设备暂时不具备实现数字化的条件，对于需要进行分散控制的设备，采用智能操作箱实现对一个完整控制单元（断路器及相关隔离开关）的 YX/YK 进行处理，并经过 GOOSE 网与间隔层进行联系。

（4）模拟量分散采样，对于需要分散采样的互感器，采用基于 IEC 61850 标准的单元进行同步分布式采样，其输出依据 IEC 61850-9-1 或 IEC 61850-9-2

送往相关间隔层 IED。

（5）集中式处理，对于结构简单、进出回路较少、系统功能及逻辑较为简单的常规 110kV 及以下变电站，可以考虑集中分散式架构。即站控层与分散式构相同，采用支持 IEC 61850 标准的站控层设备，构成基于 IEC 61850 标准数字化变电站站控层。

对于高压进出线、主变压器通过一套或数套 IEC 61850 标准的集中式测控保护装置，组成基于 IEC 61850 标准的数字化变电站系统，在间隔层实现 IEC 61850。对于 35kV 及以下部分，由于采用断路器柜形式，馈线使用的是常规互感器，可以采用支持 IEC 61850 标准的间隔层 IEC，分散于断路器柜布置，实现测控、保护功能。

（6）策略选择。针对 220kV 及以上变电站，进行改造时变电站自动化系统在站控层和间隔层实现基于 IEC 61850 标准的系统，对于过程层暂时不进行改变。变电站所有装置和后台系统实现 IEC 61850。所有改动仅仅限于通信层面，对变电站现有格局影响最小。当然，可以对其中低压侧进行改造

（7）无需对投资较大、更换困难、运行状态尚好的一次断路器、互感器等设备进行更换，节省巨大投资、减少工作量、极大缩短改造周期，实现常规变电站改造成数字化变电站。

18.6　数字化变电站技术研究趋势

数字化变电站技术是变电站自动化发展中具有里程碑意义的一次变化，对变电站自动化系统的各方面将产生深远的影响。在国内当前数字化变电站基础上，进一步研究开发"数字化站"的深层应用，真正实现底层网络之间互操作性基础上，根据运行策略和状态，逻辑判别等，对变电站二次智能设备实现多项网络化功能，从而实现保护装置的网络化、就地化和系统化。

（1）主要研究技术。

1）IEC 61850 标准及过程层组网技术；

2）基于 IEC 61850 技术的 800 系列保护测控装置研究与发展；

3）基于 IEC 61850 技术的 CKJ 8000B 监控系列的研究与发展；

4）合并器、智能接口联调技术；

5）数字化变电站时钟同步技术等。

（2）网络化二次系统主要创新功能。该数字化变电站与常规的综合自动化系统变电站以及国内目前通常的数字化变电站相比均存在有很大的不同，在实现通常的数字化变电站基本特征的基础上，首次实现了以下多项二次系统应用功能创新。

1）网络化保护及自动装置（网络化的母线保护、备自投、低频率自动减负荷等）；

2）网络化间隔层五防功能；

3）一键式智能倒闸操作功能；

4）可视化网络及二次设备安全监视功能；

5）全变电站网络化时钟同步系统等。

（3）网络化二次系统主要特点。数字网络化二次系统在应用方面较常规综合自动化系统变电站以及国内普通字化变电站具有以下突出特点：

1）二次回路最简化。较综合自动化站减少 95%的二次电缆和端子排（较普通字化变电站又减少 25%）。

将二次回路施工设计，数十张复杂的二次回路接线图简化在一张简单明了的设备光纤连接图上，基本取消了二次回路安装过程中的电缆敷设、回路接线、查线等工作量，使二次系统中最为繁杂大量回路安装维护改造得到极大简化；避免了二次回路的断线、错接线、错投连接片、极性接错、大大降低了继电保护故障率。

2）二次系统应用软功能化。实现了保护及自动装置（包括五防）等设备向二次网络系统中的软功能化，从而取消了原有的相关的常规硬件设备，减少设备的安装及维护。

3）站用电电源一体化。将交流、直流、通信、照明设备一体化设计、一体化监控、一体化数字输出，减少了设备的种类。

4）二次操作远方化。取消了现场保护连接片、操作把手等，实现继电保护及二次智能设备的远方监控操作，减少了人员现场作业。

5）网络运行可视化。通过网络"电子眼"可实现对网络节点设备及间隔层二次设备的安全监视。

6）一次操作智能化。在二次系统中增加了对一次设备的智能操作功能。如一键式智能倒闸操作功能，可将通常 30min 的倒闸操作功能减少到 1min 内，大大提高了操作效率和安全性。

7）五防功能网络化。取消专门的独立五防系统在间隔层以软功能实现，减少了硬设备种类。

这几年国内智能化一次设备产品质量提升非常快，从一些试运行变电站的反馈情况可以看出，智能化设备已经从初期的不稳定达到了基本满足现场应用要求。在大量的工程实践中证明变电站站控层与间隔层之间的以太网通信的实时性、可靠性提出了更高的要求，但通过近几年的研究与实践，这一难点已经解决。

可以说，原来制约数字化变电站发展的因素目前已经得到逐一排除。从一些试运行的数字化变电站的近期反馈情况看，智能化一次设备已经从初期的不稳定达到基本满足现场应用的水平。

数字化变电站在技术上尚存很多待改进的空间，对于运行规程方面带来的变化也有待于进一步研究及积累经验。目前国家电网公司、用户、设备制造厂家都在积极能力地推动数字化变电站的发展，由此可以预见，未来的5～10年成熟的数字化变电站完全可以取代常规变电站所需的条件。

参 考 文 献

[1] 叶佩生. 计算机机房环境技术. 北京：人民邮电出版社，1998.

[2] 薛永端. 基于暂态特征信息的配电网单相接地故障检测研究（D）. 西安交通大学，2005.

[3] 刘明岩. 配电网中心点接地方式的选择（J）. 电网技术，2004.

[4] 刘振亚. 特高压电网. 北京：中国电力出版社，2005.

[5] 周佺宪，窑婕，崔吉方，等. 110kV 数字化变电站主变保护装置的现场调试方法. 云南电力技术，2005.

[6] 韩小涛. 尹项根，张哲，等. 光电传感器在变电站通信制系统中的应用，2004.

[7] 王厚余. 建筑物电气装置 600 问. 北京：中国电力出版社，2013.

[8] 谭文恕. 变电站通信网络和系统协议 IEC 61850 介绍. 电力系统自动化，2000（4）.

[9] 陆安定. 功率因素和无功补偿. 上海：上海科学普及出版社，2004.